JEAN-GABRIEL CAUSSE

DIE UNGLAUBLICHE KRAFT DER FARBEN

Wussten Sie, dass das Betrachten der Farbe Rot Ihr Kurzzeitgedächtnis verbessert? Dass Orange Ihre Kommunikationslust erhöht und Sie ein in Türkis gestrichenen Räumen verbrachter Tag besser schlafen lässt? Dass ein grünes Kleidungsstück schlagfertiger macht, in Mauve gehaltene Wände die Lust steigern und Picassos Blaue Periode vielleicht nur ein Beleuchtungsfehler der Museen ist?

Der französische Farbdesigner Jean-Gabriel Causse hat die neuesten neurowissenschaftlichen Studien zusammengetragen und beweist: Ob in der Mode, im Alltag oder bei der Arbeit, Farben beeinflussen unser Empfinden und Verhalten maßgeblich. Mit seinem Buch, das in Frankreich zum Bestseller wurde, ist Causse ein Kunststück gelungen. Es vermittelt alles, was man über die Kraft der Farben nur wissen kann – auf so kurzweilige Weise, dass man vor lauter Lesevergnügen gar nicht bemerkt, wie viel man lernt.

Jean-Gabriel Causse, Jahrgang 1969, ist Mitglied des »Comité Français de la Couleur«. Er lebt in Paris und Tokio. In Japan ist er als Farbdesigner von Modemarken wie Jil Sander tätig. In Frankreich hat er die farbliche Gestaltung mehrerer Kliniken sowie von Kaufhäusern verantwortet.

JEAN-GABRIEL CAUSSE

DIE UNGLAUBLICHE KRAFT DER FARBEN

Aus dem Französischen
von Pauline Kurbasik

HANSER

Titel der Originalausgabe:
L'étonnant pouvoir des couleurs
Paris, Editions du Palio 2014

Bibliografische Information der Deutschen Nationalbibliothek
Die Deutsche Nationalbibliothek verzeichnet diese Publikation in der Deutschen Nationalbibliografie; detaillierte bibliografische Daten sind im Internet über http://dnb.d-nb.de abrufbar.

3. Auflage 2018

Internet: http://www.hanser-literaturverlage.de
Herstellung: Denise Jäkel
Umschlaggestaltung und Motiv: Hauptmann & Kompanie Werbeagentur, Zürich
Satz: Kösel Media GmbH, Krugzell
Druck und Bindung: Friedrich Pustet, Regensburg
Printed in Germany
ISBN 978-3-446-44475-1
E-Book-ISBN 978-3-446-44476-8

INHALTSVERZEICHNIS

Für ihre Mitarbeit danke ich: Professor David Da Fonseca, der Ärztin Agnès Trébuchon, Alain Timsit, Laurence Le Du, Eric Peyre, Pascal Mollaret, Janine Demiddealer, Robin Gillet, Alexandra Arizanovic, Claire Célario, Alexandra Gaber, Benoit Mahé, Bruno Lavagna, Agnès Sotty, Isabelle Garnerone, Christine Pourcelot, Marion Lamarque, Laure Vouzellaud, Annabel Salomon, Olivier Guillemin, Suzanne Marest, Pascal Lefieux, Béatrice Calderon, Bruno Philippart und meiner Frau, Elodie Causse.

Ich danke meinem Verleger Jean-Jacques Salomon für sein Vertrauen und seine Geduld …

Für Capucine, Arthur und deren grün-graue Augen.

Jean-Gabriel Causse

EINLEITUNG

Stellen Sie sich vor, Sie studieren an einer amerikanischen Universität und absolvieren den berühmten IQ-Test. Auf Ihrem Blatt steht groß und in Rot Ihre Bewerbernummer. Sie haben die Nummer 87.

Vielleicht sind Sie wegen des bedeutsamen Ereignisses ein wenig angespannt, Sie wollen unbedingt ein gutes Ergebnis erzielen. So, wir fangen an, Sie haben 20 Minuten. Sie sind voll konzentriert. In diesem Moment gibt es allein den Test, die Zeit läuft. Wie Sie wissen, zählt jede Sekunde, schließlich wollen Sie so viele Fragen wie möglich beantworten. Und – Ende. Sie geben Ihren Bogen ab und sind ganz zufrieden mit sich, weil der Test vorbei ist. Gut gemacht!

Und nun stellen Sie sich vor, Sie wären ein anderer Student derselben Universität und Ihre Bewerbernummer stünde nicht in Rot, sondern in Schwarz auf dem Bogen. Zunächst erkennen Sie die Nummer gar nicht, weil Sie mit den Gedanken ganz woanders sind. Sie reden sich ein, der Test habe mit Ihrem Studiengang nur wenig zu tun. Sie spüren keinen Druck und nehmen die Sache auf die leichte Schulter, weil es sie bloß »irgendwie« interessiert, ob sie so intelligent sind, wie Ihre Mutter denkt. Und los geht's. Sie lesen die erste Frage und finden sie einfach. Sieh mal einer an, wenn alle Fragen so leicht sind, wird Maman aber glücklich sein. Und was ist, wenn Maman richtig lag? Sie lächeln und gehen zur nächsten Frage über. Aber da ist der Test auch schon zu Ende. Die Bögen werden eingesammelt. Dabei sind Sie sind doch noch gar nicht fertig. Und wenn schon. Falls das Ergebnis miserabel ist, wird Maman nichts davon erfahren …

Diese Studie gab es wirklich. Sie wurde 2007 an der Universität Rochester in der Nähe von New York durchgeführt. Dabei wurde der Einfluss der Farbe Rot auf IQ-Tests untersucht. Die Nummerierung war nur ein Vorwand. Die Forscher wollten bloß wissen, ob allein die Farbe der Zahl einen Einfluss auf die Ergebnisse haben würde. Die Studierenden mit einer roten Nummer haben auf viel mehr Fragen geantwortet, aber auch viel mehr Fehler gemacht als die Gruppe mit der schwarzen Zahl. Schlussendlich haben sie im Durchschnitt schlechter abgeschnitten. Schlussfolgerung: Rot sorgt für Stress, der die Gedankengänge beeinflusst, und zwar ganz unbemerkt. Das zeigt sich an einem signifikanten Punkteverlust bei einem IQ-Text.[1]

Wir werden gemeinsam die neusten wissenschaftlichen Studien über psychische oder physiologische Beeinflussungen durch Farben entdecken. Sie werden sehen, die Ergebnisse sind so spektakulär wie verkannt. Farben nehmen Einfluss auf unser Verhalten, unser Selbstbewusstsein, unsere Befindlichkeit, unser Konzentrationsvermögen, unsere Wünsche, unsere sportliche Leistungsfähigkeit, unsere körperliche Kraft. Ja, auch das körperliche Leistungsvermögen wird von Farben beeinflusst!

Sie werden auch lernen, wie sehr Farben unser Verhalten beeinflussen, und zwar immer und überall. Aus praktischer Sicht erlauben uns die Ergebnisse dieser wissenschaftlichen Untersuchungen eine gezielte Farbwahl: bei der Kleidung, Wohnungseinrichtung, der Ausstattung eines Büros oder eines Verkaufsraums, der Gestaltung von gängigen Konsumgütern etc.

KAPITEL 1

FARBEN VERSTEHEN

Es mag Sie enttäuschen, aber Farben existieren gar nicht. Oder, genauer, »sie existieren nur, weil man sie betrachtet. Sie sind eine Erfindung des Menschen«, schrieb der Historiker Michel Pastoureau. Das ist schwer zu verstehen und widerspricht unserer Intuition. Aber seien Sie beruhigt, auch die Wissenschaftler haben einige Zeit gebraucht, um diese Angelegenheit zu »durchschauen«. Erst seit dem Ende des 20. Jahrhunderts sind sie sich einig. Also fast erst seit gestern. Was ist nun eine Farbe oder - genauer gesagt - die Wahrnehmung einer Farbe? Das menschliche Auge nimmt eine Wellenlänge als Farbe wahr. Es kann gewisse Wellenlängen zwischen 380 und 780 Nanometern erkennen. Wissenschaftler sprechen vom optischen Spektrum. Einfacher gesagt handelt es sich um das Licht, das vom Auge wahrgenommen wird. Licht besteht aus Wellen, genauso wie Infrarotstrahlung, Mikrowellen, Radiowellen (die länger als das Licht sind) oder Röntgenstrahlen und UV-Strahlen (die kürzer als das Licht sind). Der grundlegende Unterschied liegt darin, dass unsere Augen die anderen Wellenlängen »nicht sehen«.

Dieses Licht kann vom Objekt abgegeben werden, das Ihr Auge »sieht« (Glühbirne, Sonne, phosphoreszierende Oberfläche, Kerze etc.). Das Licht kann gefiltert werden und somit nur teilweise durchdringen: Nach diesem Prinzip funktionieren Dias und auch eine Sonnenbrille. Zudem kann Licht auch ganz oder teilweise reflektiert werden, deswegen können wir die Dinge um uns herum und auch den Mond sehen.

Wo wir gerade von der Reflexion des Lichtes sprechen: In Frankreich pflegt man in seiner Kindheit Mitschülern auf dem Pausenhof Butterblumen ins Knopfloch zu stecken. Es heißt, falls deren Kinn anschließend gelblich schimmert, mag der Mitschüler oder die Mitschülerin Butter (ein seltsamer, aber real existierender Brauch) … Nun, leider haben Wissenschaftler diesen Mythos vor kurzem zerstört. Sie entdeckten die Ursache des goldenen Glanzes. Die Wellenlängen der Farbe Gelb werden wegen der konkaven Form des Blütenblatts gebündelt und auf einen kleinen Bereich direkt über der Blume reflektiert.[2] Nun ist also klar, warum das Kinn des Schülers gelb schimmert, mit Liebe zu Butter hat der Glanz allerdings nichts zu tun.

Licht ist folglich eine elektromagnetisch erzeugte Welle, die gefiltert oder reflektiert wird.

Unser Freund Einstein, der viel schlauer war als wir, wollte die ganze Sache aber ein wenig verkomplizieren. Er stellte eine Hypothese auf, die er dann auch bewies und die besagte, dass sichtbares Licht bloß eine gewöhnliche elektromagnetische Welle sei, gleichzeitig aber auch ein Photonenstrahl (oder eine Lichtquante). Licht ist also auch eine Energieübertragung (falls Sie zahlenverliebt sind: Das Photon »Violett« verfügt beispielsweise über die Energie von drei Elektronenvolt).

Da man sich lange nicht traute, Goethe vom Farbenthron zu schubsen, herrscht unter den Wissenschaftlern erst seit kurzer Zeit ein Konsens zur Farbtheorie. Goethe hat mit seinem Werk *Zur Farbenlehre* den Menschen über 200 Jahre lang etwas vorgemacht. In diesem umfangreichen Text mit über 2000 Seiten legte er uns die Existenz von vier Grundfarben dar, die sich jeweils zwei zu zwei gegenüberstehen: Blau ist komplementär zu Gelb und Rot zu Grün (in geringerem Maße gilt dies auch für Schwarz und Weiß). Die Farbe Gelb ist eine Eingangspforte zum Licht (»zunächst am Licht«), die Farbe Blau ist eine Verwandte der Dunkelheit (»zunächst an der Finsternis«). Zwischen diesen beiden entgegengesetzten Polen lassen sich alle anderen Farben einordnen. Goethe fiel auf, dass dasselbe Licht (das beispielsweise von Rauch sichtbar gemacht wird) abhängig vom Hintergrund anders wirkt: Vor einem weißen Hintergrund wirkt es gelb und vor einem schwarzen Hintergrund stark bläulich. Mit seiner *Farbenlehre* hat Goethe zahlreiche Künstler beeinflusst. Beispielsweise William Turner, der den Beinamen »Meister der Lichtmalerei« erhielt und der wie niemand sonst die Tiefen des Himmels eindrücklich und in beachtlicher Farbvielfalt malen konnte.

Die meisten Wissenschaftler werden Ihnen ein wenig verschämt erklären, dass Goethes Theorie nur in ganz wenigen Punkten zutrifft, um nicht zu sagen ziemlich veraltet ist ... Aber, vielleicht tröstet dies die Goethe-Anhänger, auch Newton wird es nicht besser ergehen.

Wie mein superschlauer fünfjähriger Neffe es ausdrückte, war Newton der Erste, der verstand, dass »die weißen Lichtfarben in keiner Weise auf Oberflächenbrechung zurückzuführen sind, sondern im einfallenden Weißlicht selbst enthalten sind«. Newton ist ganz offensichtlich von Descartes ausgegangen, der Licht mithilfe eines Prismas zerlegt hatte. Sie wissen schon, dann hat man diesen hübschen Regenbogen, der hinter einer angestrahlten Pyramide erscheint (denken Sie einfach an das Cover des Pink-Floyd-Albums *Dark Side of the Moon*). Newton ist noch einen Schritt weitergegangen, weil er den ursprünglichen Lichtstrahl aus demselben Regenbogen wieder neu zusammensetzte. Dazu sammelte er mithilfe einer Linse an einer Stelle die farbigen Strahlen, die durch die Brechung des Prismas entstehen. An der Stelle, wo sich alle Strahlen trafen, stellte er fest, dass das Licht wieder weiß erschien. Schlussfolgerung: Das Prisma färbt das Licht nicht ein, es bricht lediglich die Farben, die bereits im Weißlicht enthalten sind. Eine revolutionäre Entdeckung! Farben sind keine Helligkeitsstufen, sondern eine Eigenschaft des Lichts. Jede Farbe besitzt ihren eigenen Brechungswinkel. Chapeau vor Ihrem Weitblick, Mr Newton!

Danach hätte ihm eigentlich ein Apfel auf den Kopf plumpsen müssen. Wenn man Goethe mit seinen vier Farben schon als großzügig bezeichnet, was macht man dann aber erst mit Newton? Isaac, der »Rainbow Warrior«, hat sich die Freiheit herausgenommen, die sieben Grundfarben festzulegen: Rot, Orange, Gelb, Grün, Blau, Indigoblau, Violett. Warum sieben? Nun, auf Newtons Visitenkarte hätte »Sir Isaac Newton, Gelehrter, Alchimist, Esoteriker, Numerologe« stehen können. Und allein die Ziffer Sieben steht für Harmonie.

Sieben wie die sieben Tage der Schöpfung, die, nach okkulter Auffassung, sieben Planeten, die sieben Töne in der Musik oder auch die Anzahl von Schneewittchens Zwergen. Deswegen hat Newton das Indigoblau mit in seine Aufzählung aufgenommen. Heute herrscht Konsens darüber, dass ein Regenbogen lediglich über sechs reine Farben verfügt. Etwas später werden wir noch sehen, dass es in Wirklichkeit eigentlich bloß drei Farben gibt.

Farbwahrnehmung

Farben werden mithilfe dreier Elemente bestimmt: Farbton, Helligkeit (oder Wert) und Sättigung.

Als Farbton wird eine Spektralfarbe bezeichnet, die zu einer bestimmten Wellenlänge gehört (blau, grün, gelb, rot, braun etc.). Die Helligkeit beschreibt schematisch den Weißanteil einer Farbe. Sowohl Blassrosa als auch Bordeauxrot sind beispielsweise Rottöne. Bei Himmel- und Marineblau handelt es sich um Blautöne mit unterschiedlichem Weißanteil. Die Sättigung beschreibt den Grauanteil der Farbe.

Um hier ganz genau zu sein und Einsteins Beitrag zur Farbtheorie nicht mit einzubeziehen: Je weniger energetisch das sichtbare Photon ist, desto stärker erscheint es »rot«, und je energetischer es ist, desto mehr spielt es ins Violette. Die Helligkeit kann als Photonenmenge beschrieben werden, die von einer Lichtquelle abgegeben wird. Bei der Sättigung ist dies die relative Amplitude der dominierenden Wellenlänge im Verhältnis zu den anderen Wellenlängen der Lichtquelle. Sobald eine zweite Wellenlänge parallel existiert, ist die daraus resultierende Farbe keine »Spektralfarbe« mehr und entsättigt sich.

Mithilfe der Netzhaut des menschlichen Auges, die über drei verschiedene Arten von Sinneszellen verfügt, können wir Farben wahrnehmen. Diese Zellen werden Zapfen genannt, und jede Gruppe ist empfänglich für eine spezielle Wellenlänge des Spektrums: S-Zapfen (*Short wavelength receptor* für kurze Wellenlängen) sind vor allem für den Blaubereich des Farbspektrums empfänglich, die M-Zapfen (*Medium wavelength receptor* für mittlere Wellenlängen) eher für den Grünbereich und die L-Zapfen (*Large wavelength receptor* für lange Wellenlängen) vor allem für Rottöne. Heutzutage geht man davon aus, dass 10 Prozent der Männer und 50 Prozent der Frauen noch über einen vierten Fotorezeptor verfügen, der empfänglich für Orangetöne ist.[3]

Diese Menschen können folglich Nuancen der Farben Gelb, Orange und Rot besser wahrnehmen. Man bezeichnet sie als »Tetrachromaten«. (»Du bist ein Tetrachromat« ist zwar ein Kompliment, sollte aber – da der Gebrauch noch nicht so weit verbreitet ist – sparsam verwendet werden.) Sollten Sie eine Mutter von farbenblinden Kindern sein, sind Sie mit einiger Wahrscheinlichkeit Tetrachromatin. Und falls Sie außerdem Braun und Gelb gerne mögen, haben Sie das große Los gezogen, weil Sie hundertmal mehr Nuancen im Gänsekot sehen können als der normal sterbliche Trichromat.[4]

Farbwahrnehmung ist also eine Mischung aus diesen drei (oder vier) Sinneseindrücken, die vom Gehirn entschlüsselt werden. Zur Zeit der Pharaonen dachten die Ägypter, das Auge sei die »Palette, welche die Farben mischt«. Das stimmt nicht so ganz. Die Mischung findet im Occipitallappen im hintersten Teil des Großhirns statt.[5] Die Aussage »Farben sehe ich nicht mit den Augen, sondern mit dem Genick« ist also nicht völlig falsch.

Die Helligkeit bestimmt die Intensität, mit der Farben wahrgenommen werden. Im Halbdunklen beispielsweise, wenn das Licht weniger stark ist, nehmen die Zapfen, die nur über begrenzte Empfindlichkeit verfügen, Farben nicht mehr wahr. In der Nacht sind also nicht alle Katzen grau, unsere Zapfen schlummern bloß. Zum Glück haben die Zapfen in der Netzhaut noch Helfer: die Stäbchen. Es gibt zehnmal so viele Stäbchen wie Zapfen, und sie sind nicht farb-, sondern lichtsensibel. Wenn das Licht schwächer wird, kann es sein, dass bloß die Stäbchen aktiviert werden, nicht aber die Zapfen. In der Dämmerung sind die Zapfen empfänglicher für Blautöne, Rottöne hingegen werden nicht mehr gut wahrgenommen. In Filmen aus den 70er Jahren, z. B. bei *Die amerikanische Nacht*, wurde daher der Tag einfach mit einem blauen Filter vor dem Kameraobjektiv zur Nacht gemacht.

Umgekehrt blenden uns zu viele Photonen, die gleichzeitig den Zapfen auf der Netzhaut und den Stäbchen Schmerzen bereiten, sie sind dann gesättigt.

Um Goethe doch ein ganz klein wenig Ehre zuteilwerden zu lassen, muss man ebenfalls den Gegensatz der Farben im Gehirn berücksichtigen (Grün/Rot, Gelb/Blau und Schwarz/Weiß).[6] Das würde erklären, warum niemand ein grünliches Rot oder ein bläuliches Gelb wahrnimmt. Dieser Gegensatz erklärt auch die negativen Nachbilder, chromatische Remanenzen genannt, ein Effekt, der auch als »Einbrennen ins Auge« bezeichnet wird. Wenn unser Auge eine Farbe erblickt, erzeugt es automatisch deren Komplementärfarbe und projiziert dieses Nachbild auf Objekte in der Umgebung. Chirurgen tragen in Operationssälen stets Grün, weil diese Farbe das Nachbild von roten Wunden neutralisiert.

Eine weitere Frage, die wir dank der jüngsten Fortschritte der Neurologie beantworten können, lautet: Wie kommt es, dass wir die beiden Farben Rot und Violett als sehr ähnlich empfinden, obwohl sie sich im Lichtspektrum doch am jeweils anderen Ende befinden und somit eigentlich unterschiedlicher nicht sein könnten? Eine etwas vereinfachte Antwort lautet, dass der kortikale Bereich, der empfindlich auf die Farbe Rot reagiert, genau neben dem Bereich liegt, der empfindlich auf Violett reagiert, und dass zwischen den beiden Bereichen eine gewisse Durchlässigkeit herrscht.[7]

Aber zurück zu unseren Zapfen, sie verfügen über zahlreiche Vorzüge. Zunächst sind sie recht robust, nahezu unzerstörbar und schon bei Säuglingen ab sechs Monaten vollständig ausgeprägt. Vorher können Babys weder die Farben Blau noch Violett wahrnehmen, sie erscheinen ihnen gräulich, Pastellfarben erscheinen ihnen weiß.[8]

Nimmt ein Mensch im Laufe seines Lebens Farben eigentlich immer auf dieselbe Weise wahr? Fast. Die Zapfen altern. Aus diesem Grund sehen Senioren einen ganz leicht gelblichen Schimmer, durch den ihnen ein bläuliches als absolutes Weiß erscheint.

Häufig wird in diesem Zusammenhang auf den Maler Claude Monet verwiesen, der Grauen Star bekam und daraufhin seine Farbpalette veränderte: Nach und nach arbeitete er – bis zu seiner Operation mit 82 Jahren – zunehmend mit gelben und rotbraunen Farbtönen.

Nach seiner Operation erschuf Monet auf einmal sehr blaue Gemälde. Wie der *Guardian* im Jahr 2002 schrieb, könnte ihm die Operation des Grauen Stars eine Erweiterung seines Spektrums ermöglicht haben. Monet war danach vielleicht dazu in der Lage, Farben im ultravioletten Bereich zu sehen. Die britischen Journalisten zogen diese Schlussfolgerung, nachdem sie unter UV-Licht die Farben untersucht hatten, mit denen Monet in seinen letzten Werken Blumen malte. Aber ob man Engländern immer alles glauben sollte ...

Farbtemperatur

Hände auf den Summer und los: Welche Farbe ist am wärmsten? Rot oder Blau?

Die meisten empfinden Rot als warme und Blau als kalte Farbe.

Man könnte dies für eine 50-Euro-Frage bei »Wer wird Millionär« halten.

Die meisten Menschen sind nun aber keine Wissenschaftler, geschweige denn Astronomen, die uns erklären, dass blaue Sterne zehn Mal heißer als rote Sterne sind ...

Wir kennen dieses Phänomen eher von Toastern. Wenn Sie morgens beim Frühstück einen Widerstand im Toaster bemerken, und das Gerät rot-orange und ins Blaue spielend glüht, rufen Sie ganz schnell die Feuerwehr! Und falls Sie überleben, sollten Sie unbedingt das *Guinness Buch der Rekorde* anrufen. Ein Platz für das auf die höchste jemals gemessene Temperatur erhitzte Toastbrot (über 10 000° Celsius) ist Ihnen sicher.

Mit der Farbtemperatur verhält es sich folglich anders, als man gemeinhin annimmt. Je höher die Temperatur, desto mehr spielt die Farbe ins Blaue. Farbtemperatur wird in Grad Kelvin angegeben und basiert auf dem interessanten Konzept des »schwarzen Körpers«. Wenn man ein Stück Kohle betrachtet, sieht man einen schwarzen Körper, der sämtliche Lichtstrahlen ganz unabhängig von deren Wellenlänge absorbiert. Wenn Sie Kohle zum Glühen bringen, wird sie orange und hat eine Temperatur von 1500 K (Kerzenlicht), gelb-orange bei 2700 K (Licht einer Glühbirne), hellgelb bei 3200 K (Licht einer Halogenlampe) und weiß bei 5800 K (Sonnenlicht). Bei höheren Temperaturen wird unser Stück Kohle immer bläulicher.

Aber wenn Blau »physisch« heißer ist als Rot, bedeutet das auch, dass Blau als wärmere Farbe wahrgenommen werden kann? Die Antwort lautet: Unter gewissen Bedingungen sehr wohl.

Wissenschaftler haben eine Personengruppe gebeten, die Temperatur von Würfeln zu bestimmen, in deren Inneren elektrische Widerstände steckten und die von Tüchern in verschiedenen gesättigten Farben umhüllt waren. Aber die geheimnistuerischen Wissenschaftler »vergaßen«, die Versuchskaninchen darauf hinzuweisen, dass die Würfel allesamt eine Temperatur von 42° Celsius hatten. In Paarvergleichen mussten die Probanden innerhalb einer Sekunde sagen, welcher Würfel der wärmere sei. Für die meisten Versuchspersonen waren die blauen und grünen Würfel am wärmsten, die roten und violetten Kuben hingegen am kältesten.[9] Unbewusst hatten die Versuchskaninchen, die bei den blauen oder grünen Quadern kältere Temperaturen erwarteten, deren Temperaturen überschätzt.

Von diesem Sonderfall einmal abgesehen, empfinden wir Rot, Orange und Gelb sicherlich als warme und Blau und Violett als kalte Farben. Grün gilt als »lauwarme« Farbe, also als weder kalt noch warm, und befindet sich fast genau in der Mitte des Lichtspektrums, das vom menschlichen Auge wahrgenommen werden kann. Aber selbst wenn wir das so empfinden, von einem physikalischen Standpunkt aus ist es falsch.

Die Vorstellung von Farbtemperaturen ist sehr bedeutsam, weil Farben von unserem Gehirn in Abhängigkeit von ihrer Temperatur wahrgenommen werden. Man ist daran gewohnt, Kerzenlicht von Ampellicht und »Tageslicht« zu unterscheiden. Gemeint ist »Tageslicht zur Mittagsstunde und bei strahlendem Sonnenschein«. Sprechen wir nicht auch von den schönen Farben des Morgens oder wundervollen Herbstfarben? Wenn man ein bisschen übertreibt, kann man behaupten, dass eine Zitrone im Rotlicht weiß aussieht und in grünem Licht braun. Nur bei »weißem« Licht erscheint eine Zitrone gelb.

Kerzenlicht wird kaum beachtet. Das ist eine Schande, besonders bei der Ausstellung einiger Maler. Wir haben alle schon von Künstlern gehört, die pleite waren und ihre Werke bei Kerzenschein erschufen. Sie stellten ihre Farbpalette bei einem stark »orangen« Licht zusammen. Nun richten sich aber die Kuratoren bei Ausstellungen in Museen nicht danach, welche Farben die Künstler beim Malen »gesehen haben«, sondern eher nach unseren gegenwärtigen Beleuchtungsgepflogenheiten mit »weißem Licht«. Aus diesem Grund erscheinen uns viele Bilder in den Museen sehr »blau«. Wie erzählt wird, hat auch Picasso in seinen Anfängen bei Kerzenschein gemalt. Man könnte sich also durchaus fragen, ob die »Blaue Periode« nicht bloß auf Beleuchtungsfehler bei der Ausstellung seiner Werke zurückzuführen ist.

Vor allem bei Textilkonzernen spielen Farbveränderungen, man spricht von metameren Farben, eine große Rolle. Wie erscheint die Farbe eines Kleidungsstücks bei Tageslicht und wie wirkt sie bei der Beleuchtung im Laden? Wirkt ein Grün bei Tageslicht etwa braun, weil das Licht zu gelblich ist?

Und wo wir gerade schon von Tageslicht sprechen, hier die Antworten auf drei Fragen, die Sie garantiert in Ihrer Kindheit den Eltern gestellt haben und auf die diese mit Sicherheit leicht beschämt antworteten: »Ja, mein Schatz, das ist einfach so ...« Warum sind Wolken weiß? Warum ist die Sonne morgens und abends rot? Warum ist der Himmel blau? Und so weiter.

Die Antworten liefern uns die Herren Mie und Rayleigh mit ihren Theorien zur Streuung. Einfach gesagt sind Wolken weiß, weil die Wassertröpfchen, aus denen sie bestehen, größer sind als die Wellenlängen des Lichts.[10] Das gesamte Lichtspektrum wird folglich gestreut, daraus resultiert die weiße Farbe.

Die rote Sonne am Horizont ist auf unendlich viele winzige Partikel zurückzuführen, die in der Luft umherfliegen und wie mikroskopische Spiegel Licht überallhin streuen. Mit der sogenannten »Rayleigh-Streuung« hat der gleichnamige Physiker nachgewiesen, dass die kurzwelligen Längenbereiche (Blau) viel stärker abgelenkt werden als die langwelligen Längenbereiche (Rot), die – komme was wolle – ihren Weg fast genau einhalten. Wenn die Sonne am Horizont steht, legt das Licht einen Weg durch die Atmosphäre zurück und trifft auf zahlreiche »spiegelnde Schmutzpartikelchen«, bevor es bei unseren Augen ankommt. Die Wellenlängen der Farbe Rot kommen zum größten Teil bei uns an, wohingegen die blauen Wellenlängen abdriften.

Wenn die Sonne ihren höchsten Stand am Himmel erreicht hat, das heißt, wenn sie senkrecht steht, lässt sich das gleiche Phänomen erkennen, aber weniger stark ausgeprägt. Deswegen ist die Sonne für uns gelb, für einen Astronauten aber weiß.

Und, um zur Beantwortung der letzten Frage zu kommen: Ein blauer Himmel ist aus dem gleichen Grund blau. Wenn Sonnenstrahlen auf die Erde treffen, also die Atmosphäre durchqueren, fallen uns einige Strahlen, die eigentlich oberhalb unserer Köpfe abgelenkt werden sollten, wegen der Schmutzpartikel in der Luft direkt in die Augen. Und da blaues Licht zehn Mal stärker abgelenkt wird als rotes, sehen wir hauptsächlich blaues Licht. Deswegen hat der Himmel dieses wundervolle Azurblau. Diese Farbe ändert sich von Region zu Region, oder genauer: abhängig von den jeweiligen Schmutzpartikeln in der Luft.

Wie viele Farben gibt es?

Die Farbwahrnehmung ändert sich folglich in Abhängigkeit von den Bestandteilen eines Gegenstandes, der Reaktion des Gehirns und der Farbtemperatur (und ebenso der Lichtstärke). Aber wie viele Farben können wir überhaupt wahrnehmen?

Sie müssen wissen, dass Ihr Auge ein äußerst schlechtes

Farbgedächtnis hat. Stellen Sie sich ein Kartenspiel vor, das aus 10 000 Karten mit 10 000 unterschiedlichen Farbnuancen besteht. Wenn ich vor Ihnen einige Karten mit nahezu identischen Farbtönen ausbreite, können Sie sehen, dass eine Karte etwas bläulicher ist, die andere etwas heller, gesättigter etc. Wenn ich Ihnen aber nur ganz kurz eine einzige Karte zeige und Ihnen anschließend eine andere Karte aus derselben Gruppe vor die Augen halte, können Sie nicht sagen, ob es sich bei der letztgezeigten Karte um die direkt vorher gezeigte Karte oder um eine andere aus dieser Gruppe handelt.

Der Mensch verfügt über ein sehr ungenaues Farbgedächtnis (Sie, lieber Leser, mögen eine Ausnahme darstellen, ich habe - nach längerem Nachdenken - keine Lust, mich mit Ihnen darüber zu streiten). Aber wie genau können wir Farben wahrnehmen, wenn man sie uns als Farbpalette zeigt?

Die Antwort lautet: SEHR GENAU!

Um es (etwas) genauer zu sagen, wir können zwischen Tausenden und einigen Millionen Farben unterscheiden!

Die Farbpalette von Pantone umfasst 2100 Farben. Ich kann Ihnen versichern, dass sämtliche »Art-Direktoren« in der Werbebranche lautstark eine viel zu geringe Farbauswahl beklagen.

Viel zu gering bedeutet, dass die kreativen Köpfe gerne etwa zehnmal so viele Farben hätten. Die Wollfärber der berühmten Gobelin-Manufaktur prahlten einst damit, dass sie 20 000 Farbnuancen erkennen konnten.[11] Sogenannte »Experten in Farbmetrik« räumen heute ein, dass der Mensch etwa 150 monochromatische Farben erkennen kann, das entspricht 300 000 Farben, die durch unterschiedliche Lichtstärken und Sättigungen entstehen.[12] Einige Koryphäen in der Welt der Farben haben die sehr optimistische Schätzung aufgestellt, dass wir sogar 3 Millionen verschiedene Farben voneinander unterscheiden können.[13]

Diese Zahl relativiert auf jeden Fall die Versprechen der TV-Verkäufer, die uns Fernsehgeräte mit 6 oder 8 Millionen Farben anpreisen.

Mit Sicherheit lässt sich bloß sagen, dass man zwei sehr ähnliche Farben leichter auf einer großen als auf einer kleinen Oberfläche voneinander unterscheiden kann und dass sich Rottöne leichter voneinander unterscheiden lassen als Blautöne.

Auch weiß man immer noch nicht genau, wie viele Farben der Mensch eigentlich sehen kann. Warum nicht? Hauptsächlich liegt es daran, dass nicht jeder Mensch Farben gleich wahrnimmt. Frauen verfügen im Allgemeinen über eine bessere Wahrnehmung als Männer. Eine von IRM durchgeführte Studie zeigt, dass sich in einer blauen Umgebung die aktivierten Gehirnareale des Sehfeldes bei Männern und Frauen deutlich unterscheiden.[14]

Farbenblinde verwechseln spezielle Farben miteinander und können sie folglich nicht umfassend wahrnehmen. Die Einschränkung tritt bei 0,4 Prozent aller Frauen und 8 Prozent aller Männer auf (meistens ist eine Anomalie des Y-Chromosoms dafür verantwortlich). Bei einigen Berufen kann dies zum Handicap werden: Als Pilot, Fluglotse und Minenräumexperte beispielsweise muss man über eine vollständig ausgeprägte Sehkraft verfügen. Vor allem als Minenräumexperte ist es durchaus von Vorteil, wenn man das rote von dem blauen Kabel unterscheiden kann, sonst sind die Beiträge für die Rentenkasse überflüssig. Einen Mark Zuckerberg hat Farbenblindheit nicht vom Erfolg im Leben abgehalten. Facebook ist nur deswegen blau, weil er bloß diese Farbe richtig sehen kann. Auch der Zeichner Uderzo wird häufig aufgeführt. Er wusste um seine Farbenblindheit und überließ das Kolorieren seiner Comics den Mitarbeitern. Männer, und zwar auch Männer mit normalem Sehvermögen, tun sich häufig schwer damit, zwischen Blasslila und Rosa zu unterscheiden. Frauen unterscheiden besser als Männer Grün-, Gelb- und Blautöne voneinander.[15] Wir haben auch gesehen, dass Frauen häufiger Tetrachromaten sind als Männer, bei denen es sich zum Großteil um gewöhnliche Trichromaten handelt …

Andererseits ändert sich Farbwahrnehmung mehr oder weniger in Abhängigkeit von der Sehleistung, die bei jedem Menschen unterschiedlich ist, der Helligkeit (die schlitzförmigen Augen von Asiaten beispielsweise reagieren schwächer auf starkes Licht als westliche Augen), der Oberfläche, die matt oder glänzend sein kann, dem Brechungswinkel, dem Abstand zwischen Auge und Objekt etc.

Unsere Zapfen lassen sich auch von der Größe beeindrucken … Je voluminöser das Farbmuster ist, desto intensiver nehmen wir die Farbe wahr. Matisse sagte: »Ein blauer Quadratmeter ist blauer als ein blauer Quadratzentimeter.«

Auch Helligkeit nimmt Einfluss auf Farben. Je heller (leuchtender) ein Gelb ist, desto stärker wird es gelb-grünlich wahrgenommen. Aus diesem Grund muss man die Wellenlänge ins Rötliche verschieben, wenn man bei hellem Licht ein Gelb ohne Grünstich erzielen möchte.[16] Für Blautöne gilt dasselbe, nur umgekehrt: Je gesättigter ein Farbton ist, desto dunkler erscheint er. Deswegen muss man die Leuchtdichte erhöhen, um dieselbe Farbwirkung zu erzielen.

Und schließlich, und das ist der ausschlaggebende Punkt bei der Farbwahl aller Koloristen, ändert sich die Wahrnehmung je nach Farbkombination. Violett beispielsweise wirkt viel wärmer neben einer kalten Farbe wie beispielsweise Blau. Neben einer warmen Farbe wie beispielsweise Orange wirkt Violett hingegen kälter. Auch Gelb und Grün erscheinen kälter neben warmen Farben und wärmer neben kalten Farben.

Kontraste sind für die Farbtheorie folglich wichtig. Werbetexter beispielsweise nutzen dieses Wissen, damit ihre Botschaften die größtmögliche Aufmerksamkeit erfahren. Meadow, eine amerikanische Firma für Außenwerbung, empfiehlt in absteigender Reihenfolge folgende Lesbarkeiten (vor einem helleren Hintergrund): Schwarz auf Gelb, Schwarz auf Weiß, Blau auf Weiß, Grün auf Weiß, Grün auf Gelb.

Schwarz und Gelb sind also für unsere Augen die kontrastreichsten Farben. Schwarz und Gelb, woran erinnert Sie das? In Frankreich hat die Verpackung der Lakritzpastillen Cachou Lajaunie diese Farben, deswegen sticht das Produkt aus den ganzen anderen Verpackungen hervor und wird nie vergessen.

Und in New York? Dort sind Taxis schwarz-gelb. Und diese Farben wurden nicht etwa zufällig ausgewählt. John Hertz, der Anfang des 20. Jahrhunderts ein Taxiunternehmen in Chicago leitete, war ein sehr intelligenter Mann. Damals waren die Taxis dort schwarz. Weil Bremsen und Federung noch nicht so zuverlässig waren wie heute, passierten bedauerlicherweise zahlreiche Unfälle. Als Hertz die Gelegenheit bekam, in New York ein Taxiunternehmen zu gründen, sagte er sich, dass eine gute Sichtbarkeit aus der Ferne sowohl Fußgängern als auch anderen Autofahrern zugutekäme. Aus diesem Grund entschied er sich bei seiner neue Flotte für die beiden kontrastreichsten Farben und gründete das Unternehmen »Yellow Cabs«.

Bekannt ist auch, dass Komplementärfarben einen starken Kontrast bilden. Man verdankt dieses Wissen hauptsächlich Eugène Chevreul, einem Wissenschaftler aus dem 19. Jahrhundert. Beschäftigen wir uns einmal kurz mit diesem Mann, wir können viel von ihm lernen. Chevreul war Direktor der Pariser Gobelin-Manufaktur und zudem offizieller Prügelknabe der französischen Färber. Diese Männer waren nicht unbedingt gebildet und beschwerten sich bei ihm mit Wörtern, die ich hier nicht wiedergeben möchte, dass die Färbemittel der Manufaktur nicht immer zu den erwarteten Farben führten. Unser Mann, der für Kritik sehr empfänglich war, vermutete, dass die Probleme nicht auf die Qualität seiner Farbpigmente, sondern auf die Farbzusammenstellung zurückzuführen waren. Chevreul hatte zwei Möglichkeiten: sich aus dem Staub zu machen oder zur Feder zu greifen. 1839 veröffentlichte er einen Essay, den er »Ich versichere Ihnen, es ist nicht mein Fehler!!!« hätte nennen können, dann aber doch mit »Theorien zum Simultankontrast von Farben« überschrieb. Er zeigte, dass eine Farbe einer angrenzenden Farbe einen komplementären Stich verleiht: Komplementärfarben hellen sich gegenseitig auf, und nicht komplementäre Farben wirken »schmutzig«. Eine Farbe erscheint außerdem anders, wenn sie auf eine mehr oder weniger dunkle oder mehr oder weniger gesättigte Farbe gelegt wird. Dieses Werk von Chevreul, das auch Delacroix schon bekannt war, beeinflusste später maßgeblich Kunstrichtungen wie beispielsweise den Impressionismus oder den Pointillismus von Georges Seurat.

Wir haben bereits vom »Einbrennen im Auge« (fachsprachlich negative Remanenz genannt) gesprochen, das auch als Induktion bekannt ist und erklärt, warum Chirurgen grüne Kittel tragen. Dieses Phänomen ist eine sehr gängige optische Täuschung, die dennoch recht wenig bekannt ist: Unter bestimmten Bedingungen ruft eine Farbe die Illusion ihrer Komplementärfarbe hervor. Ein gelber Rahmen beispielsweise, der ein weißes oder graues Quadrat umschließt, induziert einen komplementären Farbton (in diesem Fall purpurfarben) in seiner Mitte.[17] Dieses Phänomen ist äußerst wichtig für alle Raumausstatter und Dekorateure.

Hier ein konkretes Beispiel: Nicole ist Geschäftsfrau und betreibt schon lange eine Boutique für Heimtextilien. Langsam blättert die Farbe von den Wänden. Eines sehr heißen Morgens wacht sie auf und beschließt: »Ich werde meine Boutique ganz in Blau anstreichen, das wirkt kühler.« Nun hat Nicole aber hauptsächlich weiße Wäsche im Sortiment. Wegen der blauen Fassade wirkt die Wäsche gelblich und verkauft sich nicht mehr so gut. Sie entschuldigen, dass ich Nicole in der weiteren Ausführung nicht gerade zimperlich behandeln werde. Nicole geht pleite und entscheidet sich für den Beruf der Kosmetikerin. Aus ihrer Boutique macht sie einen Salon, den sie – damit er einladender wirkt – in einem kräftigen Himbeerton streicht, der ins Rote spielt. Anschließend stellt sie einen großen Spiegel in die Mitte der Wand. Leider sehen sich die Kunden im Spiegel mit einem grünlichen Teint. Der Grund ist auch hier die Induktion; das Phänomen wird auch als Wasserfarbeneffekt bezeichnet. Dazu genügt eine farbige Linie, die parallel zu einer dunkleren Umrandung verläuft. Die Linie verleiht dem Innenbereich scheinbar ihre Farbe.[18]

Das Induktions-Phänomen kann also die Farbwahrnehmung empfindlich beeinflussen. Und trotzdem sind Innenausstatter und Architekten, die dieses Phänomen kennen, rar gesät.

Begeben wir uns kurz auf das Niveau von »Philosophie für Dummies« und machen uns auf die Suche nach der Antwort auf die große Frage, die bei Debatten über Farben jedes Mal auftaucht. Ich rede hier von einer Farbe, die ich »Orange« getauft habe. Diesen Namen habe ich ausgewählt, weil eine Zitrusfrucht diese Farbe hat und man mir von Kindesbeinen an erzählt hat, dass diese Farbe »orange« sei. Deswegen nenne ich diese Farbe nun auch so. Aber woher wissen wir eigentlich, dass Sie und ich dasselbe Orange sehen? Vielleicht sehen Sie ein viel rötlicheres Orange als ich? Und womöglich erschiene Ihnen »mein« Orange eher lachsfarben?

Das Konzept der Farbwahrnehmung beschäftigt Wissenschaftler und Philosophen bereits seit Demokrit und Platon, und auch Galileo, Descartes und natürlich Newton haben sich damit beschäftigt. Farben werden als »sekundäre Qualitäten« angesehen (genauso wie Geruch, Geschmack, Hitze und Kälte), die im Gegensatz zu primären Qualitäten stehen (Ausdehnung, Gestalt, Bewegung). Locke hat all dies zum Thema seines Essays *Ein Versuch über den menschlichen Verstand* gemacht: »Die sekundären Qualitäten bestehen nicht in den Objekten selbst, sondern dienen nur dazu, in uns eine Wahrnehmung hervorzurufen.« Das bedeutet, man kann mit Sicherheit sagen, dass eine Kugel eine Kugel ist. Man kann genau ihre Zusammensetzung, die Masse und das Volumen bestimmen, die Wahrnehmung ihrer Farbe aber bleibt subjektiv und aus diesem Grund nicht bestimmbar.

Hochschullehrer haben schon oft zu beweisen versucht, dass Männern warme Farben wärmer erscheinen als Frauen. Orange zum Beispiel erscheint einem Mann rötlicher als einer Frau. In gleicher Weise erscheint einem Mann Gras gelber und einer Frau grüner als dem jeweils anderen Geschlecht.[19]

Da wir nun zum springenden Punkt der Farbwahrnehmung vorgedrungen sind, müssen wir uns auch mit der Frage auseinandersetzen, ob Farbwahrnehmung universal oder relativistisch ist: Sind Farben angeboren oder erlernt?

Einerseits gibt es sehr viele Relativisten, die der Meinung

sind, die jeweilige Kultur bestimme maßgeblich die Farbwahrnehmung.

Nur ein Beispiel für diese These: Rot/Weiß und Rot/Schwarz sind im Westen stärkere Kontraste als Schwarz/Weiß. Das Schachspiel beispielsweise, das im 6. Jahrhundert in Indien erfunden wurde, war schwarz-rot gescheckt. Das war den Persern und Arabern sehr recht, sie haben die Farben beibehalten. Aber als das Spiel etwa im Jahr 1000 im Westen ankam, spielten die Europäer lieber mit einem rot-weißen Schachbrett, in der Renaissance wurde das Schachspiel dann schwarz-weiß.

Ein erstaunlicher Artikel, der 2009 in *National Geographic* erschien, führt an, dass junge Videospielfans, vor allem Freunde von Kriegsspielen, eine bessere Wahrnehmung für Kontraste entwickelten, besonders bei Grautönen. Außerdem konnten sie Details besser wahrnehmen und dadurch nachts besser lesen oder Auto fahren.[20] Das ist also der tiefer liegende Grund, warum wir unsere Kinder nicht mehr vom Computer weglocken können. Zum Spaß spielen sie nicht.

Die Sprache ist jedoch das schlagkräftigste Argument für Relativisten: Die Inuit beispielsweise, die am Polarkreis leben, haben über 25 Wörter für verschiedene Schattierungen der Farbe Weiß. Daraus lässt sich schlussfolgern, dass ein Leben im Schnee ihre Wahrnehmung des Weißen verfeinert hat.

Und umgekehrt gibt es Farben, die in bestimmten Zivilisationen keinen Namen haben. Weil man alle Dinge mit einem Wort benennt, bedeutet das, diese Farben werden mit anderen verwechselt, können also von Sprechern dieser Sprachen nicht unterschieden werden. Zu Zeiten von Aristoteles beispielsweise gab es bloß fünf Farben: Weiß, Rot, Grün, Blau, Schwarz. Gelb, Orange und Violett konnte man noch nicht benennen. Farbtöne bestimmte man hauptsächlich mithilfe von

Helligkeit und Dunkelheit. Farben wurden einzig und alleine durch ihre Helligkeit klassifiziert und aufgrund dessen zwischen Schwarz und Weiß eingeordnet.

In der Antike war Weiß beispielsweise ein besonders glänzendes Gelb, und Schwarz war das dunkelste Blau.

Bei den Azteken wurden Blau und Grün nicht voneinander unterschieden. Sie waren zusammen eine Farbe mit einem Namen, den man wahrscheinlich mit »Türkis« übersetzen würde.

Genug nun mit Anekdoten aus anderen Ländern und Zeiten und zurück zu den Vertretern des Universalismus, die das Ganze ein wenig anders sehen. In ihrem Lager befinden sich unter anderem vier Nobelpreisträger aus den Bereichen Physik und Medizin. Die Männer sind keine Geringeren als Francis Crick, Gerald Edelman, Torsten Wiesel und David Hubel. Von oben herab erklären diese großen Geister: »Die trichromatische Wahrnehmung, über die einige Mitglieder der menschlichen Rasse verfügen, besteht schon gute 30 Millionen Jahre länger als die gesprochene Sprache. Das heißt, für die Entdeckung der Farben brauchte man gar also gar keine Sprache.«

Mittlerweile geht die Tendenz eher zu einer Aussöhnung zwischen den beiden Positionen der Universalisten und Relativisten. Die heutigen Wissenschaftler (die wahrscheinlich auch gerne einen Nobelpreis hätten) vertreten die These, dass die Wahrheit irgendwo dazwischen liegt. 1973 hat sich Bornstein beispielsweise unter Kokospalmen gestellt, weil er herausfinden wollte, warum die Tropenbewohner Blautöne nicht gut sehen können. Er hat sich darauf gestützt, dass diese Menschen dreimal so vielen ultravioletten Strahlen (UV-B-Strahlen, um genau zu sein) ausgesetzt sind wie Menschen in nördlicheren Breitengraden. Wenn man über längere Zeit UV-B-Strahlen ausgesetzt ist, wird das Auge dauerhaft verändert, vor allem die Linse, die sich zu ihrem Schutz trübt und gelblich wird (Pigmentierung der Makula) und dadurch Probleme verursacht, die bis hin zu einer Blindheit gegenüber kurzen Wellenlängen wie beispielsweise den Farben Blau oder Gelb gegenüber (Tritanopie) reichen können. Bornstein ist der Meinung, dass die Evolution die Tropenbewohner mit diesem Mechanismus zum Schutz des Auges ausgestattet hat. Daher hat Blau in diesen Regionen keinen Namen.[21]

Was aber passiert, wenn man Menschen aus dem Okzident mit Linsen die Sicht gelblich färbt? Forscher probierten es aus. Auf wunderbare Weise sahen die Menschen aus dem Westen keine Blautöne mehr. Wenn man ihnen Farben zeigte, benannten sie diese genau so, wie die Menschen, die starker UV-Strahlung ausgesetzt sind. Die Autoren schlussfolgern - und versöhnen damit vielleicht Relativisten und Universalisten - dass die Dunkelfärbung der Linse mit der Abwesenheit des Wortes Blau im Sprachwortschatz einhergeht.[22] Umgekehrt zeigt eine Untersuchung von 203 Sprachen auf der Welt, dass sämtliche Sprachen in Gebieten mit schwacher UV-B-Strahlung über einen Grundbegriff für die Farbe Blau verfügen.

Nun kommen die Biologen mit einer Wissenschaft ins Spiel, die noch in den Kinderschuhen steckt, aber sehr vielversprechend ist: die Rede ist von der Epigenetik. Dieses barbarische Wort bezeichnet eine Theorie, laut der Erfahrung und Umwelt eines Menschen das biologische Erbe seiner Nachfahren über mehrere Generationen hinweg beeinflussen können.

Wenn Ihr Opa beispielsweise während des Zweiten Weltkrieges in einem grünen Zimmer gefangen gehalten wurde, hassen womöglich Ihr Vater, Sie selbst und Ihre Kinder die Farbe Grün, ohne den Grund dafür zu kennen. Das Trauma Ihres Großvaters hat die Aktivität einiger Gene verändert; eine DNA-Modifikation ist hingegen nicht erkennbar.

Auf der ganzen Welt arbeiten Forscher in der Epigenetik, und die ersten Ergebnisse sind verblüffend. Den Wissenschaftlern ist es beispielsweise gelungen, bei einer Maus die Angst vor einem Geruch an mehrere Generationen ihrer Nachkommen zu vererben. Dazu haben die Forscher einen speziellen Geruch mit einem kleinen elektrischen Impuls an der Pfote der männlichen Labormaus verknüpft. Immer wenn die Maus diesen Geruch wahrnahm, spürte sie einen »schmerzhaften Schlag« am Pfötchen. Die Nachkommen dieser Maus wurden von ihrem Vater getrennt, damit gegenseitige Beeinflussungen ausgeschlossen werden konnten, dennoch zeigten sie unverzüglich starken Stress, sobald sie diesem Geruch ausgesetzt waren. Dieses Verhalten hielt über mindestens zwei Generationen hinweg an.[23] Manchmal ist einem also etwas angeboren, das von vorherigen Generationen erlernt wurde.

Farbwahrnehmung in der Tier- und Pflanzenwelt

Lange hielt sich die Annahme, 90 Prozent der Säugetiere könnten keine Farben wahrnehmen. Noch heute kann man diese Meinung überall im Internet nachlesen. Dennoch wurde bewiesen, dass dem (mit 90-prozentiger Wahrscheinlichkeit) nicht so ist und dass Tiere nur ein anderes Farbspektrum als Menschen wahrnehmen; jede Spezies hat also ein eigenes Spektrum. Die meisten Säugetiere sind in der Tat farbenblind, ihre Netzhaut verfügt nur über zwei Arten von lichtempfindlichen Zapfen (bläulich und gelblich für die schwach ausgeprägten Zapfen L oder M und in etwa blau-grün und rot für die schwach ausgeprägten Zapfen S40). Hunde beispielsweise können nur Grüntöne gut voneinander unterscheiden. Wenn Sie Ihrem vierbeinigen Liebling eine Freude machen möchten, lassen Sie ihn ein Halsband aus verschiedenen Grüntönen aussuchen, alle anderen Farben erscheinen ihm in verschiedenen Schattierungen grau.

Katzen, Kaninchen, Ratten und Rinder können Rottöne nicht wahrnehmen. Blau und Grün hingegen sehen sie. Ein Stier kann die Farbe Rot überhaupt nicht erkennen. Das Tuch, das der Torero schwenkt, hat nur deswegen diese Farbe, damit man die Blutflecken des armen Tieres nicht sieht, das bald seine Ohren, seinen Schwanz und vor allem sein Leben verlieren wird.

In diesem Bestiarium (in Farbe) sollte man wissen, dass ein Pferd zwischen Gelb und Grün unterscheiden kann, Blau aber nicht von Rot.

Insekten hingegen mögen die Farbe Gelb besonders gerne. Die klebenden Fliegenfänger und andere Insektenfallen sind also ganz bewusst in dieser Farbe gehalten. Auf Meeresschiffen mag man die kleinen Plagegeister nicht sonderlich gerne, und deswegen kommt Gelb als Rumpffarbe nicht in Frage, damit Insekten sich dort nicht einnisten, weil sie das Boot mit einem riesigen Pollenbestand verwechseln.

Bei Reptilien weiß man, dass eine Schildkröte zwischen den Farben Blau, Grün und Orange unterscheiden kann und eine Eidechse sogar zwischen Gelb, Rot, Grün und Blau. Vögel, zu guter Letzt, verfügen über eine sehr weit entwickelte Farbwahrnehmung und scheinen sich daher in ihrem Verhalten mehr nach Farben zu richten als nach Formen und Bewegungen.

Kurzum, die einzigen Tiere, die in etwa dasselbe Farbspektrum sehen und deren Farbwahrnehmung der menschlichen ähnelt, sind Eichhörnchen, Spitzmäuse und einige Schmetterlinge. Also nicht sonderlich viele.

Wir Menschen haben aber keine Grund zum Angeben: Zahlreiche Tiere verfügen über eine *bessere* Farbwahrnehmung als wir. Farbchampions sind Krustentiere: Der Heuschreckenkrebs verfügt über 12 Typen von Fotorezeptoren, mit 10 Typen von Fotorezeptoren folgt der Fangschreckenkrebs. Das menschliche Auge verfügt hingegen bloß über drei anerkannte Fotorezeptoren (Blau, Grün, Rot).

Fische beispielsweise sehen die Farben des menschlichen Spektrums und können zusätzlich ultraviolette Farben wahrnehmen.

Ja, genau, im Infrarot- genau wie im Ultraviolettbereich, also außerhalb des vom Menschen wahrnehmbaren Lichtspektrums, existieren viele Farben, die wir nicht sehen. Farben, die wir uns noch nicht einmal vorstellen können und die uns als Grautöne in unterschiedlichen Abstufungen erscheinen. Fledermäuse beispielsweise sehen im UV-Bereich sehr gut. Falls Batman Ihnen einmal über den Weg läuft, sollten Sie sich von ihm erklären lassen, welche Farben die Blätter an den Bäumen haben, und dabei im Gedächtnis behalten, dass der Großteil dieser Spektralfarben nicht etwa im Grün-, sondern im Infrarotbereich liegt. Dasselbe gilt für Schlangen, die ihre Beute im Dunkeln allein mit dem Labialorgan aufspüren, also nur durch die Strahlung, die dieses Organ aussendet und mit der es die Körperwärme des Opfers registriert. Bienen sehen ebenfalls sehr gut ultraviolette Farben. Damit die Bienen zu ihnen finden, hatten viele Blumen deswegen die gute Idee, sich mit Farben zu schmücken, die für unser Auge unsichtbar sind. Margeriten beispielsweise sehen für uns weiß aus, im Wesentlichen sind sie aber ultraviolett.[24]

Auch Pflanzen reagieren auf Farben. Genauer gesagt auf die Farbe Rot. Sie verfügen nämlich über einen Fotorezeptor namens »Phytochrom«, der nur Rottöne wahrnimmt. Die meisten Pflanzen freuen sich, wenn sie mit rotem Licht angestrahlt werden, und bedanken sich mit schnellem und üppigem Wachstum und mit schöneren Blüten.

Die Synästhesie

Wenn Sie Lust haben, machen wir einen kleinen Test. Stellen Sie sich ein Werkzeug vor, ganz egal welches. Nun geben Sie ihm eine Farbe. Schließen Sie die Augen. Schwindeln ist nicht erlaubt! Was haben Sie gesehen? Die Chancen für einen roten Hammer stehen gar nicht schlecht.

Falls Sie die Übung nicht mitgemacht haben (oder zu einem anderen Ergebnis gekommen sind), lade ich Sie dazu ein, mit Ihrer Familie und den Freunden das gleiche Spiel zu machen. Verblüffenderweise kommt man in zwei von drei Fällen zu diesem Ergebnis.

Man hält dieses Phänomen für eine Art unterstützte Synästhesie. Die Synästhesie ist ein neurologisches Phänomen, das zumindest zwei Sinne miteinander in Verbindung bringt. Manch einer ordnet spontan jeder Form eine Farbe zu, für andere hat jede Zahl, jeder Buchstabe, Kalendertag etc. eine besondere Farbe. 152 Arten von Synästhesien sind bekannt.

Je nach Quelle verfügen zwischen 0,2 und 4 Prozent aller Menschen über diese Fähigkeit. Zugegeben, die Forschung zu dieser »Gabe« steckt noch in den Kinderschuhen. Manche Wissenschaftler glauben, dass die Synästhesie erblich ist und über das Chromosom X3 weitergegeben wird.

Eine spektakuläre Ausprägung dieses Phänomens ist die Synopsie. Sie ist bei Scrabble-Spielern sehr beliebt, andere Menschen kennen den Begriff recht selten. Als Synopsie wird die Fähigkeit bezeichnet, eine Farbe mit einem Ton zu assoziieren. Duke Ellington, Michel Petrucciani oder auch der Komponist Alexandre Scriabine sollen über diese Fähigkeit verfügt haben, jeder Note eine Farbe zuordnen zu können. Dieses Phänomen lässt sich nicht leicht erklären. Obwohl Farben und Musik über Wellenlängen verfügen, stellt keine einzige mathematische Formel einen Zusammenhang zwischen den beiden Bereichen her.

Wenn man die Sache allerdings näher betrachtet, wird schnell klar, dass wir alle mehr oder weniger empfänglich für diese Art der Synästhesie sind. Eine neue Studie zeigt, dass wir mit Mozarts *Zauberflöte* am ehesten helle Farben wie beispielsweise Gelb und Orange assoziieren, das *Requiem* in d-Moll erinnert uns eher an dunkle Farben wie beispielsweise Schwarz oder ein bläuliches Grau. 95 Prozent aller Befragten assoziieren helle und warme Farben mit schneller Musik, traurige und romantische Musik hingegen wird eher mit ungesättigten und dunklen Farben in Verbindung gebracht. Verschiedene Kulturen spielten dabei keine Rolle: Amerikaner in San Francisco und Mexikaner in Guadalajara beispielsweise nannten bei Befragungen dieselben Farben.[25]

Professionelle Herausgeber von Musik sollten vielleicht darauf achten, ob der Farbenbereich von CD- oder Schallplattencovern mit der musikalischen »Farbe« des Albums harmoniert.

Am Ende dieses Kapitels möchte ich Ihnen noch Neil Harbisson, den ersten besonderen Fall eines »verstärkten Synästhetikers«, vorstellen. Dieser englische Künstler ist völlig farbenblind und kann gar keine Farben voneinander unterscheiden. Er hat sich seinem Schicksal aber nicht ergeben und sich eine »verstärkte zerebrale Wirklichkeit« erschaffen.

Der findige Bastler hat sich an der Stirn eine Art Sensor angebracht, der Farben aus seinem Gesichtsfeld aufnimmt und sie in Schallwellen umwandelt, die schließlich mittels Knochenleitung in sein Innenohr geleitet werden.

Harbisson, der inzwischen eine starke Medienpräsenz hat, behauptet, er könne 360 Farben »hören«. Er ist sogar noch ein wenig weiter gegangen und hat dem Infrarot- und Ultraviolettbereich Töne zugeordnet. Deswegen kann er Ihnen bei einem Besuch Ihres Hauses sagen, ob die Alarmanlage eingeschaltet ist oder nicht.

Reproduktion von Farben

Heutzutage sind sich Wissenschaftler darin einig, dass weder Goethe mit seinen vier noch Newton mit den sieben Primärfarben recht hatte: Stattdessen gibt es drei Primärfarben. Mit diesen drei Farben kann man alle Farben herstellen. Man mischt Blau, Rot und Grün, um Lichtfarben zu erschaffen (das nennt man additive Farbmischung, die man von den Pixeln auf dem Fernsehbildschirm kennt). Wenn man Blau, Rot und Gelb mischt, erhält man Körperfarben (subtraktive Farbmischung).

Subtraktive Farbmischung wird durch Übereinanderlegen von Tinten (Druckerei) oder Pigmenten (Malerei) erreicht. Das Prinzip der subtraktiven Farbmischung ist recht simpel: Eine Primärfarbe absorbiert etwa ein Drittel des sichtbaren Spektrums. Cyan (himmelblau) absorbiert Rot-, Magenta (ein helles, quasi rosafarbenes Rot) absorbiert Grüntöne. Gelb absorbiert Blautöne. Wenn man nun beispielsweise Cyan und Gelb mischt, befinden sich die nicht absorbierten Wellenlängen, die also zurückgeworfen werden, im Grünbereich. Deswegen rät der Zeichenlehrer einem dazu, Blau und Gelb zu vermengen, wenn man Gras vor einem Haus mit dem rauchenden Kamin malen möchte.

Bei Mischung der drei Primärfarben wird gar keine Wellenlänge reflektiert. Das ergibt dann die Farbe Schwarz. Sicherlich, das alles ist reine Theorie. Und da Pigmente niemals völlig rein sind und niemals hundertprozentig die entsprechenden Wellenlängen absorbieren, gibt man in Druckereien mit Schwarz eine vierte Farbe hinzu, die das gesamte Spektrum absorbiert und - nicht sonderlich erstaunlich - dabei hilft, tiefere Schwarztöne zu erhalten.

Aus Gründen der Zweckmäßigkeit hat man sich bei den Primärfarben für das rote Magenta, das blaue Cyan und Gelb entschieden. Apfelgrün, Violett und Apricot wären aber ebenfalls möglich gewesen.

Wichtig ist, dass diese drei Farben jeweils ein Drittel des Farbspektrums reflektieren. Es zeigte sich, dass man sehr leicht Cyan, Magenta und Gelb herstellen konnte. Heutzutage stellt niemand mehr die Primärfarben Magenta, Cyan und Gelb in Frage. Als Sekundärfarben erhalten wir Grün (Gelb und Blau), Orange (Rot und Gelb) und Violett (Blau und Rot) sowie Tertiärfarben, die aus einer Mischung unterschiedlicher Anteile der drei Primärfarben bestehen, und deren Suffix -lich lautet, wie beispielsweise grünlich oder rötlich; Brauntöne gehören ebenfalls zu dieser Farbgruppe.

Die additive Farbmischung (wurde 1861 von Maxwell nachgewiesen) erklärt uns, dass es möglich ist, alle Farben zu reproduzieren, indem drei Lichtstrahlen übereinandergelegt werden. Die Wellenlängen dieser Lichtstrahlen müssen so weit wie möglich voneinander entfernt sein, sich also im Spektrum gegenüberstehen. Dies ist der Fall bei rotem Licht und blauem Licht mit grünem Licht in der Mitte.

Die CIE (Commission Internationale de l'Eclairage, Internationale Beleuchtungskommission) hat bereits 1931 auf diese

Farben hingewiesen, wobei sie vom Quecksilberspektrum ausging.

Die Überschneidung dieser drei Farben, die das gesamte Lichtspektrum abdecken, ergibt also Weiß (wie wir auch schon bei Newton gesehen haben). Auf diese Weise werden etwa Farben auf unseren Displays (LCD, Plasma, Scanner, Digitalkameras) dargestellt.

Optische Täuschung

Wenn Sie mit 60 000 Sekundenkilometern auf eine rote Ampel zurasen, wird sie Ihnen wegen des Doppler-Effekts grün vorkommen. Hier ein etwas einfacheres Experiment: Eine wunderschöne optische Täuschung befindet sich vielleicht direkt vor Ihren Augen. Genauer gesagt nur ein wenig darüber. Die Rede ist von graumelierten Haaren. Allerdings gibt es gar keine grauen Haare, sondern nur pigmentierte, also schwarze, blonde, braune, dunkelblonde oder rote und weiße Haare. Aber die Mischung aus beispielsweise schwarzen und weißen Haaren lässt die Mähne grau erscheinen.

Es leuchtet ein, dass man die »Naivität« unserer Zapfen missbrauchen kann, indem winzige Flecken von Primärfarben aneinandergereiht werden, um Farben zu »erschaffen«. Unser Gehirn berechnet aus der Zapfenwahrnehmung einen Durchschnitt und »erfindet« so neue Farben. Genauso funktionieren unsere Fernseher, die nur rote, grüne und blaue Pixel anstrahlen.

Beim Drucken nennt man so etwas Druckraster (jedes Zeitungsbild besteht bei vergrößerter Betrachtung aus Pünktchen in den Farben Gelb, Cyan, Magenta oder Schwarz). Die Pointillisten wie beispielsweise Georges Seurat sowie sämtliche Impressionisten haben aus Pünktchen ganze Bilder zusammengesetzt.

An dieser Stelle eine Schweigeminute für den Meister van Gogh, der mit Sicherheit einer der ganz großen Farbspezialisten war (und übrigens gar nicht als Impressionist galt, weil er zu deren Ausstellungen nicht eingeladen wurde).

Verlassen wir Vincent aber sogleich wieder und damit auch die Farbtheorie. Der kurze Abriss über das Farbwissen, das in den vergangenen 30 Jahren enorm vertieft wurde, war wichtig und erlaubt uns im Folgenden, dessen Einflüsse besser zu verstehen. Wir sollten immer im Kopf behalten, dass Farben gleichzeitig elektromagnetische Wellen und eine Energieübertragung sind. Wir sollten außerdem stets daran denken, dass unsere visuelle Wahrnehmung von drei miteinander untrennbar verbundenen Parametern abhängt: Farbtemperatur der Lichtquelle, der völlig subjektiven Interpretation unseres Gehirns und der Beschaffenheit des Gegenstands.

Und nun auf zum Kern der Sache!

KAPITEL 2

FARBEINFLÜSSE

Nehmen wir einmal den skrupellosten und unsensibelsten Menschen überhaupt ... Zufällig fällt die Wahl auf Norman Bates in *Psycho* von Hitchcock. Nun, er reagiert besonders empfindlich auf Farben. Und zwar auf sämtliche Farben, nicht bloß auf Blutrot. Wissenschaftler sind sich heutzutage einig: »Der Mandelkern des Gehirns beeinflusst die kognitive Verarbeitung von Informationen durch ein Phänomen, das den Affekt auf andere Bereiche überträgt und somit eine physiologische Aktivierung zur Folge hat.«[26] Auf gut Deutsch heißt das, dass die Wissenschaftler im Gehirn herumgekramt und dabei gesehen haben, dass es wie ein Weihnachtsbaum von Farben beleuchtet wird und uns unbewusst zu Handlungen verleitet. Man hat herausgefunden, dass unterschiedliche Zonen aktiviert werden, je nachdem ob Farben kalt oder warm sind.[27] Das Gehirn lässt uns die Realität wahrnehmen und auf sie reagieren, ohne dass wir es bewusst mitbekommen.[28]

Sogar bei geschlossenen Augen haben Farben einen Einfluss auf den Menschen! Die Haut und die Retina verfügen nämlich über eine vergleichbare Lichtempfindlichkeit.[29] Ja, unsere Haut reagiert empfindlich auf Farben! Wir haben allen Grund zu der Annahme, dass unsere Oberhaut auf bestimmte

Wellenlängen reagiert, von UV-Strahlen beispielsweise bekommen wir einen Sonnenbrand. Aber wer weiß schon, dass die »sichtbaren« Wellenlängen, also die Farben, auch einen Einfluss auf unsere Haut haben?

Wenn man der traditionellen chinesischen Philosophie des *Nèijīng Sùwèn* glaubt, einem fast 5000 Jahre alten Buch, nimmt der Mensch mit der Haut proportional genauso viele Feinstoffe auf wie mit dem Verdauungstrakt.

Einer der Ersten, der sich für Farbeinflüsse auf unsere Haut interessierte, war Jules Romain. Bevor er Schriftsteller wurde, arbeitete er als Biologe und erforschte etwas, das er »vision extra-rétinienne«, also in etwa »Sehen ohne Beteiligung der Netzhaut« nannte. Unter bestimmten Bedingungen könnte man Temperaturunterschiede von farbigen Objekten oder Oberflächen »fühlen«. Dis gelte insbesondere für Blinde und vorwiegend für die Unterscheidungen zwischen Rot und Gelb. Diese These ist in wissenschaftlichen Kreisen äußerst umstritten.

1934 wurde eine kontroverse Analyse durchgeführt, die aussagte, dass eine Stimulierung der Haut mit verschiedenen Farben (bei verbundenen Augen) unterschiedliche Effekte hatte.[30]

Klinische Versuche haben gezeigt, dass der Einfluss von Farben bei neurotischen und psychotischen Patienten besonders stark ist. Zahlreiche weitere Studien bestätigen mithilfe der Elektroenzephalografie, dass die Farbe Rot für einen schnelleren Puls, höheren Blutdruck, einen erhöhten Hautwiderstand, schnellere Atmung, mehr Lidschläge als normalerweise und eine Verringerung der Alpha-Wellen sorgt. Kurzum, diese Unterschiede sind bedeutsam, ebenso wie folgende Zahlen: In einer roten Umgebung erhöht sich die bioelektrische Aktivität im Körper um 5,8 Prozent und die Muskelkraft um 13,5 Prozent, das ist schon beachtlich.[31] Ein Grund mehr, sich vor Zeitgenossen, die »rot sehen«, in Acht zu nehmen ...

Ebenso ist erwiesen, dass gewisse Migränearten oder Epilepsieanfälle von bestimmten Frequenzen (rotes Blinken) ausgelöst werden. Farben beeinflussen gleichzeitig unseren Biorhythmus und die Melatoninausschüttung, bei der Farbe Türkis ist der Einfluss besonders stark (wir werden das später noch genauer betrachten, wenn wir uns mit dem Einfluss des Lichts befassen).

Farben haben außerdem eine Wirkung auf das Gehör, besonders dann, wenn die Töne unangenehm sind. Es wurde gezeigt, dass gewisse Klänge mit Farben in Verbindung gebracht und somit vom Gehirn gemeinsam verarbeitet werden.[32] In einer lauten Umgebung mit einem hohen Frequenzbereich (hohe Töne) bevorzugt der Mensch dunkle Farben, bei tiefen Frequenzen (tiefe Töne oder Infraschall) sehnt man sich eher nach hellen Farbtönen.[33]

Zu diesen physiologischen Einflüssen (zum Beispiel bei geschlossenen Augen) kommen noch psychologische Einflüsse, die vom Sehvermögen ausgelöst werden.

Zeit zum Beispiel vergeht in einem Raum mit warmen Farben wie etwa Orange oder Rot schneller.[34] Andererseits erscheint vor dem Computerbildschirm die Downloadzeit kürzer, wenn sie von kalten Farben begleitet wird.[35]

Die Raumfarbe hat einen großen Einfluss auf die Wahrnehmung der Zimmertemperatur. Bei einem hauptsächlich rotorangen Arbeitsraum wird die Raumtemperatur im Vergleich mit einem blau-grünen Zimmer um 3 bis 4° Celsius wärmer eingeschätzt.[36]

Diese Studien über Farben und Temperaturwahrnehmung sind langsam bis in die Bergwelt vorgedrungen. Die chinesischen und tibetischen Alpinisten, die 2008 mit dem olympischen Feuer den Mount Everest bestiegen, konnten sich nicht bloß an der Flamme aufwärmen, auch ihre roten Jacken trugen dazu bei.

Auch in den französischen Skischulen macht man sich diesen Wärmeeffekt zunutze. Skilehrer frieren weniger, weil ihre qualitativ hochwertige Kleidung zusätzlich noch rot ist und ihnen so ein Gefühl von Wärme vermittelt. Man kann also mit großer Wahrscheinlichkeit davon ausgehen, dass Bergbekleidung auch in hundert Jahren noch rot sein wird.

In unseren Wohnungen stellen wir automatisch das Thermostat niedriger, wenn wir uns in einem überwiegend roten Zimmer befinden, und höher, wenn der Raum blau ist.[37] Zweifelsohne beeinflusst dieses Verhalten unsere Energiekosten.

Doch Farben können nicht nur unsere Wahrnehmung der realen Welt verändern, sie beeinflussen auch unser Verhalten.

Farben der Gefahr und der physischen Dominanz

Am Anfang des ersten Kapitels war von Intelligenztests die Rede, bei denen sich die Farbe Rot negativ auf die Ergebnisse auswirkte.[38] Ein kurzer Blick auf diese Farbe verändert menschliche Fähigkeiten und menschliches Verhalten, weil Rot unser Stammhirn weckt. Und wenn unser Stammhirn Überhand gewinnt, sind wir nicht mehr intelligente Lebewesen, sondern werden auf den Überlebensreflex reduziert. Rot begünstigt die Kodierung und das Kurzzeitgedächtnis:[39] Somit verfügt man über die größtmögliche Aufmerksamkeit, um auf Gefahren zu reagieren.

In der Studie mit dem Intelligenztest wurden den Studenten verschiedenfarbige Ordner gegeben, aus denen sie eine Schwierigkeitsstufe für den IQ-Test auswählen sollten. Die

Studierenden, die einen roten Ordner erhalten hatten, entschieden sich häufig für die einfachsten Tests: Die Farbe Rot macht Angst.

Und was noch viel mehr überrascht: Wenn man nur einige Sekunden lang auf etwas Rotes schaut, kann einen das einschüchtern. Man sagte denselben Studierenden, dass sie entweder einen Vokabeltest oder einen Analogietest ablegen würden, und wies sie an, den Ordner aufzuklappen und zu schauen, welchen Test sie vor sich hatten.

Die Versuchspersonen entdeckten in dem Ordner die Wörter »Analogie« oder »Vokabeln« vor entweder rotem oder grünem Hintergrund. Dann schickte man die Studierenden nach nebenan in ein Labor, um den Test zu holen. An der Tür hing ein Schild mit der Aufschrift »Bitte anklopfen«. Die Studierenden, die zuvor auf die Schrift vor einen roten Hintergrund geblickt hatten, klopften signifikant weniger und verhaltener als diejenigen, welche die Informationen vor einem grünen Hintergrund abgelesen hatten.

Eine weitere Studie bestätigte dieses Ergebnis: Freiwillige wurden mit Bewegungssensoren ausgestattet und vor einen Computerbildschirm gesetzt. Danach teilte man ihnen mit, dass sie einen Logiktest absolvieren würden. Wenn der Bildschirm rot war – und nicht grau oder grün –, machten die Versuchskaninchen eine Rückwärtsbewegung. »Diese Ergebnisse zeigen, dass unser Körper auf einer sehr elementaren Ebene darauf gepolt ist, sich von etwas Rotem zu entfernen«, schlussfolgerten die Autoren.[40]

Nach diesen Ergebnissen wollte man mithilfe eines Elektroenzephalogramms schauen, was sich in den Gehirnen unserer freiwilligen Versuchspersonen abspielte. Ein roter Bildschirm führte zu erhöhter Aktivität in der rechten vorderen Hirnrinde, einem Hirnbereich, der mit emotionaler Aktivität verknüpft ist, genauer gesagt mit Emotionen, die mit Fluchtverhalten in Verbindung gebracht werden.

Untersuchungen an chinesischen Universitäten bestätigen die Angst vor dem Rot: Wissenschaftler führten an Studierenden, die sich freiwillig zur Verfügung stellten, eine Reihe von Intelligenztests durch. Vor jeder Fragesequenz erschienen die Anweisungen für die Hälfte der Teilnehmer vor einem roten und für die andere Hälfte vor einem grünen Hintergrund. Studenten, die Anweisungen von einem grünen Bildschirm ablasen, erzielten bessere Resultate als die Testpersonen mit dem roten Bildschirm.[41]

Schlussfolgerung: Wenn Sie geistig leistungsfähig sein müssen, hüten Sie sich vor der Farbe Rot! Wenn Sie sich hingegen als natürlicher Anführer präsentieren wollen, könnte Ihnen eine rote Krawatte helfen.[42]

Unter den Dilettanten mit roten Krawatten befinden sich ganz sicher auch einige Politiker. Eine rote Krawatte kann zwar andere Menschen beeindrucken, allerdings beeinflusst die Farbe auch den Träger selbst. Viele Männer dieser Spezies fühlen sich anders als vor laufender Kamera im Radio wie Nieten. Ich glaube, das liegt zum Teil an der roten Schrift »on air«, die im Studio beim Einschalten der Mikros aufleuchtet. Dieses Licht fällt besonders in Radiostudios auf. (Beim Fernsehen gibt es im Allgemeinen nur eine kleine Diode, die auf der übertragenden Kamera leuchtet.) Radiomoderatoren haben sich an dieses rote Licht gewöhnt. Weil sie das Licht im Laufe vieler Sendungen bereits »gezähmt« haben, verleiht es ihnen zusätzliche Stärke. Gäste hingegen, die nicht so häufig beim Radio eingeladen sind, verlieren womöglich ihre Fähigkeiten, weil sie auf ihr Stammhirn umschalten. Interessant wäre es, die Farbe des Lichts zu ändern. Ich bin davon überzeugt, dass sich die Gäste mit einem grünen Licht viel wohler fühlen würden …

Zurück zur berühmten Debatte zwischen Universalisten und Behavioristen: Beeinflusst uns die Farbe Rot vor allem wegen der Wellenlänge oder wegen ihrer kulturellen Symbolik?

Die Symbolik dieser Farbe ist sehr vielfältig. Ihr Banker beispielsweise, der auf seine eigene Art ein Farbspezialist ist, versteht es, seinen Kunden nahezulegen, dass man sich in den roten Zahlen nicht gut fühlt. Und was sagen wir zu der Farbe des kleinen Lichtpunkts, der auf der Brust derjenigen tanzt, die von Eliteschützen mit ihren Scharfschützengewehren ins Visier genommen werden? In all den tollen B-Movies (die nicht schwarz-weiß sind) ist dieses Licht rot. Vom Feuerlöscher bis zu den fallenden Börsenkursen: Rot warnt uns vor Gefahr. Aber die gängigsten Beispiele stellen heutzutage immer noch die Schilder im Straßenverkehr auf der ganzen Welt dar. Wenn sie rot sind, heißt das: Man darf diese Straße nicht nehmen, man darf nicht überholen, man darf nicht zu schnell fahren. Und wenn man diese Ratschläge nicht beherzigt, »darf man« keinem blau gekleideten Beamten begegnen …

Aber sind diese Schilder deswegen rot, weil diese Farbe für Gefahr und Verbote steht, oder weil wir diese Farbe willkürlich Gefahren zugeordnet haben und somit inzwischen durch unserer Kultur darauf konditioniert sind?

Um die Thematik »angeboren oder erlernt« zu verstehen, fokussieren Wissenschaftler sich heutzutage auf kleine Kinder. Die jüngsten Arbeiten haben angeborene Vorlieben bei Kindern im Alter von einem Jahr untersucht. Das Forschungsteam fand heraus, dass Kinder häufiger zu roten Legosteinen griffen, wenn sie die Wahl zwischen Rot und Gelb hatten. Wenn unseren Kleinen aber vor dem Legospiel ein wütendes Gesicht gezeigt wurde, wählten sie eher grüne Steine.[43]

Rot macht Babys offensichtlich Angst, die Schlussfolgerung liegt also nahe, dass diese Emotion von Geburt an mit der Farbe verknüpft ist. Die Annahme wird noch weiter untermauert, wenn man sich die Fauna ansieht. Frage: Jagt die Farbe Rot auch Tieren Angst ein? Auf jeden Fall, antworten die Wissenschaftler einstimmig. Natürlich unter dem Vorbehalt, dass das Tier diese Farbe auch erkennen kann. Ich erinnere Sie zum Beispiel daran, dass Stiere in der Arena das rote Tuch vor ihrem Tod gräulich wahrnehmen.

Der Nobelpreisträger und Ethnologe Niko Tinbergen untersuchte als einer der Ersten die Auswirkungen der Farbe Rot auf das Verhalten von Tieren. Vor etwa 60 Jahren bemerkte er, dass ein roter Postwagen vor dem Fenster die Fische in seinem Aquarium eine aggressive Haltung mit gesenktem Kopf annehmen ließ, die normalerweise für Begegnungen mit männlichen Rivalen vorgesehen war.

Noch eindeutiger sieht die Sache bei Tieren aus, die enger mit uns verwandt sind als Fische. Erlauben Sie mir einen kleinen Exkurs über unsere nahen Verwandten, die Mandrillen. Diese Affenart ist in der Welt am weitesten verbreitet. Bei diesen Primaten wird Rot als Zeichen für Dominanz oder Aggression gesehen. Bei den Männchen sind Gesichter, Hinterteile und Genitalien rot und fungieren als Statussymbole, die Kampfkraft zeigen. Je roter das Männchen, desto höher ist sein Testosteronspiegel und umso aggressiver ist es. Männchen, deren Rotfärbung dieselbe Intensität aufweist, bedrohen und streiten sich häufig. Wenn ein Farbunterschied besteht, gibt das blassere Männchen für gewöhnlich klein bei.[44]

Genug von den Primaten, wenden wir uns den Finken zu. Diese Vögel sind bemerkenswert, weil sie aufgrund ihrer Gene rote oder schwarze Federn auf dem Kopf haben. Es zeigt sich, dass Vögel mit einem roten Kopf diejenigen mit einem schwarzen Kopf dominieren. Nun mögen Sie behaupten, das sei vielleicht Zufall. Allerdings hat eine australische Wissenschaftlerin sich damit vergnügt, gerade ausgebrütete Finken mit roten und schwarzen Federn auf dem Kopf aufzuziehen. Und sie hat Friseurin gespielt. Sie färbte einigen Vögeln die Kopffedern, um drei Gruppen zu bilden: eine Gruppe mit roten Federn, eine Gruppe mit schwarzen Federn und eine Gruppe mit blauen Federn (Kontrollgruppe). Weil sie eine lustige Zeitgenossin ist, färbte sie manch schwarze Köpfe in rote oder blaue Köpfe um. Außerdem hat sie ein paar Finken in ihrer ursprünglichen Farbe belassen, also nicht umgefärbt.

Schließlich setzte sie die kleinen Gesellen jeweils zu zweit 20 Minuten lang einer Wettbewerbssituation aus, in der sich jeder Vogel einen Platz am Futterhäuschen sichern wollte. Die Ergebnisse waren beeindruckend. Die rotköpfigen Vögel konnten sich jedes einzelne Mal durchsetzen, unabhängig davon, ob die Federfarbe angeboren oder neu zugeteilt war. »Die angemalten Vögel reagierten nicht aggressiver, aber sie gewannen den Kampf um das Futter, weil die anderen Vögel ihnen am Futternapf nicht begegnen wollen«, berichtet die Wissenschaftlerin. »Alle Vögel reagierten stark auf Artgenossen mit rotgefärbten Federn, selbst wenn sie zuvor noch nie einen Vogel mit rotem Kopf gesehen hatten.« Nach jeder Interaktion hat die Wissenschaftlerin den Corticosteronspiegel gemessen, einen zuverlässigen Maßstab für Stress. Sie fand heraus, dass Finken, die sich mit einem roten Gegner auseinandersetzen mussten, 58 Prozent mehr Corticosteron im Blut hatten als die Vögel, die auf Artgenossen mit blauen oder schwarzen

Köpfen trafen. »Ohne vorherige Erfahrungen mit der Farbe war diesen Vögeln die Angst vor der Farbe Rot angeboren.«[45]

Auch bei Menschen darf man daher vermuten, dass Rot denjenigen Angst einjagt, die es wahrnehmen, und diejenigen stärkt, die sich damit schmücken. Die Farbe schärft all unsere Sinne, damit wir potenzielles Scheitern oder Gefahren minimieren können, indem unsere Vernunft aus- und die Großhirnrinde eingeschaltet wird.

Manch einer denkt, dass diese Reaktion auf die rote Färbung von Blut zurückzuführen sei. In der Werbung beispielsweise sehen Sie niemals auch nur einen Tropfen Hämoglobin. »Das ist angsterregend«, sagen die Werbetreibenden. Wenn man im Fernsehen zeigen möchte, dass Damenbinden über eine hohe Absorptionskraft verfügen, verwendet man stets eine blaue Flüssigkeit, niemals aber eine rote, der die Werber den Codenamen »Periode von Schlumpfine« gegeben haben. Ich überlasse es Ihnen, über das Niveau des Humors zu urteilen.

Falls die Angst vor der Farbe Rot angeboren ist, wird sie in unserer Kultur noch verstärkt. Rot ist beispielsweise in der Schule eine traumatisierende Farbe. Erinnern Sie sich daran, als Frau Sonntag Ihnen in der fünften Klasse ein Diktat zurückgab. Innerhalb einer Viertelsekunde konnten Sie erkennen, ob Sie eine gute oder schlechte Note hatten … Sie mussten bloß die Anzahl der roten Anmerkungen auf der Seite registrieren: je mehr rot, desto schlechter die Note. Bei uns hat die Schule die Angst vor der Farbe Rot verstärkt und uns darauf konditioniert, dass diese Farbe schlechte Leistungen sichtbar macht. Wenn wir einen Fehler begehen, dient Rot dazu, uns zu bestrafen …

Liebe Lehrerinnen und liebe Lehrer, wenn Ihnen die Schüler am Herzen liegen, bitte ich Sie: fertigen Sie Ihre Korrekturen nicht nur mit einem Rotstift an. Warum schreiben Sie Ihre Beurteilungen nicht in Grün? Die Kinder sähen dies eher als Ermunterung und nicht als Angriff, vor dem sie am liebsten ganz instinktiv fliehen würden ...

Entspannende und kreative Farben

Im Allgemeinen geht man davon aus, dass kalte Farben beruhigen. Wissenschaftler finden es aber schicker zu sagen, das parasympathetische Nervensystem werde durch kalte Farben (Blau, Violett) angeregt. Diese Farben stimulieren den Körper und verringern den Blutdruck, den Puls und den Atemrhythmus, was für Entspannung unerlässlich ist.[46]

Konkret wurde dies bei Patienten mit einer bestimmten Form der Epilepsie getestet, indem man sie blaue Kontaktlinsen tragen ließ. Bei 77 Prozent der Patienten kam es zu einer Verminderung der Anfallsauslösung.[47]

Man hat entdeckt, dass blasse Farben (wässrig und hell) besonders entspannend wirken und kognitive und feinmotorische Aufgaben erleichtern. Die Farben »Lindgrün«, »Petrol« und »Pfirsich« werden häufig genannt.[48]

Es gibt aber auch eine sogenannte warme Farbe, die sich als entspannend erwiesen hat: Rosa. Eine besonders amüsante Veranschaulichung haben wir Alexander Schauss zu verdanken, dem Leiter des amerikanischen »Institute for Biosocial Research«. 1979 überzeugte er die beiden Kommandanten Miller und Baker vom Gefängnis der amerikanischen Marine in Seattle davon, die Zellenwände rosa zu streichen. Er musste viel Überzeugungsarbeit leisten. Zum Dank für ihre letztendliche Zustimmung benannte Alexander Schauss »sein« Rosa nach ihnen: Im Englischen heißt die Farbe nun »Baker-Miller Pink«. In dem Bericht, der nach fünf Monaten der Navy vorgelegt wurde, steht, dass knapp 15 Minuten in einer rosafarbenen Zelle ausreichten, um die Aggressivität der Insassen für mindestens 30 Minuten zu verringern, was auch dem Personal die Arbeit vereinfachte. Selbst wenn die Häftlinge den rosafarben gestrichenen Raum wieder verlassen hatten, hielt die beruhigende Wirkung noch für mindestens eine halbe Stunde an.

Seitdem kann man besagtes Rosa in zahlreichen psychiatrischen Einrichtungen finden. Ich persönlich habe diese Farbe in Krisenzimmern des Krankenhauses »Le Relais« der »Association Serena« in Marseille verwendet.

Dieses Rosa findet man auch verstärkt an den Wänden von Schulen für hyperaktive Kinder, aber auch in Schweizer Gefängnissen: Vier Zellen im Untersuchungsgefängnis und zwei Zellen im Hochsicherheitstrakt in Bern sehen wie »Barbie-Zimmer« aus. Der inhaftierte Ken wird davon ungemein beruhigt.

»Rosa verlangsamt den Herzrhythmus, den Blutdruck und die Pulsfrequenz. Diese Farbe beruhigt, dämpft Energie und verringert Aggressivität«, lautet Alexander Schauss' Schlussfolgerung über die Farbe dieser Zellen.

In dem Berner Gefängnis behaupten böse Zungen nicht ganz ernsthaft, dass einige Gefangene derart allergisch auf diese Farbe reagieren, dass die Aussicht, eines Tages in diese Zellen zurückkehren zu müssen, ihnen den letzten Nerv raubt ... Wie auch immer, es funktioniert!

Israelische Hochschullehrer baten Studenten, verschiedene Zeitungsmeldungen über Mord und Vergewaltigung vorzulesen und anschließend Untersuchungsrichter zu spielen und eine klare Position einzunehmen. Die Fragebögen, in denen sie ihre Eindrücke festhielten, waren rosa, weiß oder blau. Die Studenten mit dem rosafarbenen Fragebogen waren emotional weniger bewegt als ihre Kommilitonen. Das bestärkt die Annahme vom beruhigenden Einfluss der Farbe.[49]

Eine entspannte Stimmung fördert zudem Kreativität. Dafür gibt es zahlreiche Beispiele.

Beginnen wir bei Computerbildschirmen. Hat die Farbe Ihres Desktops einen Einfluss auf Ihre Arbeitsweise? Ja, hat sie, so die Schlussfolgerung von Forschern in verschiedenen übereinstimmenden Studien.

Mit einem blauen Desktop erledigen Sie leichter einfache Aufgaben. Vor allem aber sind Sie kreativer.[50]

Bei einem Brainstorming hat man Teilnehmer auf Rechnern mit blauen oder roten Desktops arbeiten lassen. Diejenigen mit einem blauen Hintergrund auf dem Rechner haben etwa doppelt so viele Ideen hervorgebracht wie diejenigen mit einem roten Desktopbild. Dafür waren Letztere aber genauer bei ihrer Arbeit. Beiden Gruppen wurden Werbefilme gezeigt, und es stellte sich heraus, dass die Gruppe mit dem roten Desktop eine genauere Beschreibung des Gesehenen bieten konnte.[51]

Als ich diese Studien entdeckte, installierte ich direkt zwei Desktopbilder auf meinem Rechner, ein blaues und ein rotes. Je nach Aufgabe wechsele ich zwischen den beiden hin und her. Das Ergebnis übersteigt meine Erwartungen!

Ich möchte Sie – und besonders die größten Skeptiker – nicht zu sehr zu einem Versuch drängen. Aber wie schon Mathieu Baudin vom Think- and Do-Tank »Institut des Futurs Souhaitables« sagte: »Schlimmstenfalls funktioniert es!«

Diese Auswirkungen der Farbe Blau auf die Kreativität bestätigt auch eine andere Studie, in der Erwachsene wieder Kinder sein durften. Man hat freiwillige Erwachsene zum Spiel mit Lego aufgefordert. Die Versuchspersonen wurden in zwei Gruppen aufgeteilt. Eine Gruppe erhielt ihre Anweisungen auf einem roten Bildschirm, die andere auf einem blauen. Die Aufgabe war leicht: »Bauen Sie etwas Außergewöhnliches! Sie haben eine Stunde Zeit.«

Am Ende waren die Ideen der Blauen kreativer, die der Roten hingegen praktischer und konservativer!

Eine zweite Aufgabe wurde gestellt: Bauen Sie ein Kinderspielzeug mit mindestens 20 verschiedenen Bauelementen. Auch hier die gleichen Ergebnisse: Die »blaue Gruppe« stellte kreative, die »rote Gruppe« funktionelle Spielzeuge her.[52]

Die Ergebnisse einer kürzlich durchgeführten Studie, die eine Bestätigung verdient hätte, deuten darauf hin, dass auch Grün einen positiven Einfluss auf die Kreativität hat.[53]

Farben, Lernen und Produktivität

Stellen Sie sich vor, man zeigt Ihnen 48 Fotos, die Hälfte davon in Schwarz-Weiß. Einige Minuten später zeigt man Ihnen erneut diese 48 Bilder, die diesmal mit 48 neuen vermischt worden, von denen wiederum die Hälfte schwarz-weiß ist. Und man fragt Sie, welche Fotos Sie im vorherigen Durchgang gesehen haben. Sie werden sich an mehr Farb- als Schwarz-Weiß-Fotos erinnern.[54]

Farben haben einen spektakulären Einfluss auf unser Gedächtnis. Wenn man lernen muss, erleichtern Farben einem diese Tätigkeit um 55 bis 78 Prozent.[55] Bestens, denkt man da, so viel! Wenn man schlecht auswendig lernt, helfen Farben beim Verstehen. Farben verbessern das Verständnis um 73 Prozent.[56] (Wenn Sie von den exakten Prozentangaben irritiert sein sollten, die Studien geben Aufschluss.) Also: Ein Hoch auf Menschen, die farbig unterstreichen, und auf sehr bunte Präsentationen!

Im Kindergarten verwendet man Farben, um den Nachwuchsmathematikern Zahlen schneller begreifbar zu machen.[57]

Wenn Farben nun bewiesenermaßen starke Auswirkungen auf das Lernverhalten haben, sollte man auch Wandfarben in Schulen mit Bedacht wählen.

Anfang des 20. Jahrhunderts hat der österreichische Esoteriker und Philosoph Rudolf Steiner das Erziehungssystem Waldorf für die Kinder der Arbeiter in der Zigarettenfabrik »Waldorf Astoria« in Stuttgart konzipiert. Alle Klassenräume, Sporthallen und Spielzimmer wurden in speziellen Farben gestrichen, die Konzentration, Kreativität oder die Entspannung nach dem Unterricht fördern sollten – ganz auf das Temperament der Schüler ausgerichtet (cholerisch, phlegmatisch etc.).

Laut Steiner waren die Ergebnisse »beachtlich«. Aber diese Erfahrungen hatten leider keine weiteren Auswirkungen.

Heute werden die Wand- oder Mobiliarfarben, die am wenigsten für den Unterricht geeignet sind, leider am häufigsten verwendet. Auf der Anklagebank befinden sich beispielsweise: unbunte Farben! Eine dreijährige Studie[58] bestätigt, dass Weiß, Schwarz und Braun zu einem Leistungsabfall führen. Warum? Im Wesentlichen aus zwei Gründen: Zunächst einmal sind diese Farben bei den wenigsten Kindern beliebt. Ich glaube nicht, dass auch nur ein Kind auf dieser Welt in dem jungen Alter jemals seine Eltern darum gebeten hat, sein Zimmer weiß zu streichen. Und dennoch haben viele Kinder weiße Wände in ihrem Zimmer.

Zudem haben diese Farben einfach wenig Nutzen. Sie fördern weder Konzentration noch Kreativität oder Entspannung.

Gelb-Grün, Orange oder Himmelblau würden den Lernprozess unterstützen. Im weiteren Verlauf dieses Buchs sehen wir, dass dies die Lieblingsfarben der Kinder sind. Rosa erzielt ebenfalls sehr gute Ergebnisse in Kindergärten.[59] Orange ist auch eine wundervolle Farbe, die zudem soziales Verhalten verbessert. Blau hat den Nachteil, diejenigen Schüler »abzulenken«, die sich gerne in ihrer Phantasie verlieren. Jungen Studenten verleiht diese Farbe hingegen mehr Phantasie in ihren Aufsätzen. Verschiedenfarbige Klassenzimmer für jedes Schulfach wären also ideal. Die einzige »verbotene« Farbe wäre Rot. Die Schüler wären nicht nur abgelenkt, sie würden die Schule mit Strafe in Verbindung bringen …

Ich rate immer, bloß die Wand im Klassenzimmer farbig zu streichen, die sich hinter dem Rücken der Kinder befindet. Dann kann man für diese eine Wand eine richtig kräftige Farbe wählen und die drei anderen Wände weiß lassen. Ich rate außerdem dazu, in verschiedenen Klassenzimmern warme und kalte Farben abwechselnd einzusetzen, besonders wenn die Kinder die Räume abhängig vom Fach wechseln. Idealerweise hätte jeder Klassenraum seine eigene ausdrucksstarke Farbe.

Wo leuchtende Farben nicht erwünscht sind, würde ich alle vier Wände in gedämpften Farben streichen.

Zum Farbeinfluss auf Erwachsene gibt es eine sichere Erkenntnis, die zu der Wirkung auf Kinder passt: Produktivität ist höher in bunten Räumen als in Räumen mit weißen Wänden und farblosen Möbeln. Weiße Arbeitsräume können langfristig beim Arbeitnehmer Müdigkeit auslösen, die sich auf seine Leistung auswirkt.[60]

Die Versuchspersonen arbeiten besser, schneller und machen weniger Fehler in einer bunten Atmosphäre. Aber sobald man herausgefunden hat, dass man auf weiße Wände und schwarze Schreibtische besser verzichten sollte, stellt sich die Frage nach den besseren Farben.

Bei einem Versuch wurden die Probanden gebeten, eine Stunde lang auf der Schreibmaschine zu tippen. Einige waren in einem blauen, andere in einem roten Büro. In einem roten Büro maß man gesteigerte Aktivität, in einem blauen Büro erhöhte Entspannung.[61] Die Farben Grün und Blau verschlimmern, zusammen verwendet, aber auch Depressionen und Antriebslosigkeit.[62]

Eine Studie, die im Magazin *Science* veröffentlicht wurde, zeigt, dass man in einer chromatisch roten Umgebung konzentrierter ist und in einer chromatisch blauen Atmosphäre eher auf die Intuition hört.[63]

Frauen sind in beigen oder grauen Umgebungen weniger effizient, Männer hingegen arbeiten in einer violetten Umgebung nicht so gut.[64]

Ist die Aktivierung von Produktivität durch warme Farben angeboren oder erlernt? Forscher haben die Auswirkungen von Badezimmerfarben (Blau, Grau oder Rosa) auf die Aktivität und den körperlichen Zustand von Kindergartenkindern überprüft.[65] Die Ergebnisse stimmten mit denen für Erwachsene überein und zeigten, dass in einer rosafarbenen Umgebung im Vergleich zu einer blauen Umgebung höhere Aktivität (physische Stärke und gute Laune) gemessen wurde.

In einer rosafarbenen Umgebung sind Kinderzeichnungen sehr viel positiver, als ob die Kinder in dieser Umgebung eine rosarote Brille aufhätten.

Studien über Arbeitsergonomie und Umweltpsychologie kamen zu denselben Ergebnissen: Farben, und insbesondere warme Farben, ermöglichen eine Steigerung der Produktivität und der Freude an der Arbeit.[66]

Die Farbe der Überzeugung

Schauen wir uns eine Versicherungsgesellschaft an. Eine Versicherungsgesellschaft, bei der gewisse Kunden »vergessen«, ihre Rechnungen zu begleichen, oder immer zu spät dran sind. Nehmen wir nun den findigen Hauptbuchhalter dieser Versicherungsgesellschaft unter die Lupe. Er beschließt Folgendes: Bei den nächsten Rechnungen werden die drei wichtigsten Informationen, also die fällige Summe, die Zahlungsfrist und die Anschrift, in Farbe gedruckt. Und voilà, diese drei Farbtupfer auf den Rechnungen sorgen dafür, dass eine amerikanische Versicherungsgesellschaft die Zahlungen ihrer Kunden seitdem durchschnittlich 14 Tage früher erhält.[67]

Farben erwecken Aufmerksamkeit und lassen die Leute dadurch tätig werden. Ein Farbfoto schaut man etwas mehr als zwei Sekunden lang an, ein Schwarz-Weiß-Bild nur etwa eine Zweidrittelsekunde. Eine Werbung in Schwarz-Weiß ist 42 Prozent weniger wirksam als eine Werbung in Farbe.[68]

Als die Firma Xerox (die bekannt für ihre Farbkopierer ist) ihre Kunden über die Wichtigkeit von Farben in kommerziellen Dokumenten befragte, antworteten 90 Prozent, dass Farben zur Überzeugung der Kunden unbedingt erforderlich sind.

Ähnlich aufschlussreich ist eine Studie von Hewlett Packard in Europa (die Interessen der Firmen an Ergebnissen, die ihrem Absatz förderlich sind, muss man natürlich immer mitdenken).

Repräsentativ ausgewählte Menschen aus neun Ländern hatten einen Bogen ausgefüllt, der nur aus »neutralen Aussagen« bestand, also Fragen, die die Teilnehmer auf den ersten Blick überhaupt nicht interessieren. Die Fragen wurden auf verschiedenfarbige Bögen (in Blau, Schwarz, Grün und Rot) gedruckt und unter den Befragten verteilt, die ihre Zustimmung oder Ablehnung zu den Aussagen ausdrücken sollten.

Die Ergebnisse waren spektakulär! Bei den blauen (47 Prozent) und schwarzen (43 Prozent) Fragebögen dominierte Gleichgültigkeit (also eine weder negative noch positive Antwort); im Gegensatz dazu waren die Testpersonen mit grünen (28 Prozent) oder roten Bögen (19 Prozent) viel weniger indifferent.

Die Studie hat gleichzeitig eine Verbindung zwischen extremen Ansichten und der Farbe Rot herausgestellt. Bei den roten Fragebögen (29 Prozent) traten knapp dreimal so viele radikale Antworten zutage (positiv und negativ) wie bei der schwarzen Ausführung (10 Prozent).

Am bemerkenswertesten ist aber, dass mehr als die Hälfte der Befragten (53 Prozent) mit einem grünen Bogen mit den vorgeschlagenen Sätzen einverstanden war, verglichen mit den 36 Prozent, die einen schwarzen Bogen vorgelegt bekamen. Grün ist folglich eine besonders überzeugende Farbe.

Farben der Sexualität

Gibt es einen Zusammenhang zwischen der Häufigkeit des Geschlechtsverkehrs und der vorherrschenden Farbe in unserem Schlafzimmer (Wände, Bettwäsche oder Möbel)? 2000 Menschen haben Auskunft über die Farbe ihrer Vorhänge gegeben und darüber, wie oft es bei ihnen pro Woche zur Sache geht.[69] Rot liegt offensichtlich vorne (3,18-mal Geschlechtsverkehr pro Woche), liegt aber knapp hinter Blasslila (3,49-mal Sex). Ganz weit abgeschlagen sind Weiß (2,02-mal), Beige (1,97-mal) und Grau (1,80-mal) ...

Es ist nicht verwunderlich, dass die Farbe Rot weit vorne liegt, wenn man einer amüsanten Studie von amerikanischen

Wissenschaftlern Glauben schenkt. Ausgangspunkt: Es ist erwiesen, dass sich bei Primaten wie beispielsweise Pavianen oder Schimpansen die Weibchen mit roten Ornamenten schmücken, wenn sie den Männchen ihre Paarungsbereitschaft anzeigen wollen. Alles klar. Aber wie verhält es sich mit der Farbe Rot und Frauen der menschlichen Spezies? Wissenschaftler haben sich im Internet auf Datingseiten angeschaut, wie sich Frauen auf der Suche nach der großen Liebe im Vergleich zu Frauen kleideten, die auf ein Abenteuer aus waren. Auf den Profilbildern waren die Frauen, die es nur auf Bettgeschichten abgesehen haben, viel häufiger in Rot gekleidet als die »seriösen« Geschlechtsgenossinnen.[70]

Meine Damen, lackieren Sie Ihre Nägel rot, tragen Sie roten Lippenstift und Rouge auf, damit die Männer Sie in ihre Herzen oder wenigstens in ihre Betten lassen. Rot bringt alle hormongeladenen Männer auf gewisse Gedanken!

Wie durch Zufall wird eine rot gekleidete Anhalterin fast doppelt so häufig mitgenommen wie ihre »Konkurrenz«.[71]

Und genauso »zufällig« bekommt eine Kellnerin in roter Kleidung mehr Trinkgeld als ihre Kolleginnen![72]

Wissenschaftler haben freiwilligen männlichen Probanden Fotos von Frauen vor rotem oder weißem Hintergrund gezeigt. Die Männer bewerteten die Frauen vor rotem Hintergrund durchschnittlich als doppelt so attraktiv wie die vor einem weißen Hintergrund. Die Wissenschaftler baten die Männer außerdem, Frauen in roter Oberbekleidung mit Frauen in grünen und dann mit Frauen in roten und blauen T-Shirts zu vergleichen: Mehrheitlich antworteten die Befragten, sie würden lieber die Frauen in Rot treffen und wären bereit, für diese Rendezvous weitaus mehr Geld auszugeben als für ein Treffen mit den anderen Frauen. Auffällig ist hierbei, dass fast kein Teilnehmer den Zweck des Experiments richtig erraten hat: Als man sie einweihte, dachte jeder, dass bei ihm persönlich Farbe nur einen winzig kleinen Einfluss auf die Bewertung hätte. Wir wissen einfach zu wenig über den Einfluss von Farben.[73] Das macht sie zu einer Waffe der verhängnisvollen Verführung.

Sogar Frauen sind – mehr oder weniger unbewusst – der Ansicht, dass sich eine andere Vertreterin des schönen Geschlechts in roter Kleidung möglicherweise in eine entschlossene Verführerin verwandelt. Sie wird zu einem Magneten für Liebhaber. Eine Frau in Rot ist eine sexuelle Bedrohung, vor allem, wenn sie aus vollem Herzen mit Ihrem Gatten schäkert, der zudem eigentlich gar nicht amüsant ist. Absolutes Misstrauen ist geboten, wenn Letzterer dazu geneigt ist, seine Flamme an dieser Nebenbuhlerin zu entzünden.[74]

Ohne dass Männer es wissen, erscheinen ihnen Frauen anziehender, wenn sie in Rot gekleidet sind. Daraus sollte man aber nicht ableiten, dass Männer sich nur für Beischlaf interessieren. Sie interessieren sich auch für Nachkommen. Und es hat sich gezeigt, dass Frauen sich eher in Rot (oder Rosa) kleiden, wenn sie fruchtbar sind.[75]

Aber wie sieht es aus, wenn Männer Rot tragen? Nun, es tut mir leid, meine Herren, da müssen Sie sich wohl etwas anderes ausdenken. Die Ergebnisse sind enttäuschend.[76] In dieser Farbe gefallen Sie der Damenwelt nicht besser als in jeder anderen. Auch Homosexuelle finden Sie damit nicht schöner, falls Sie darauf abzielen …

Rot ist folglich eine Farbe, die Männer, die auf Frauen stehen, »inspiriert«. Vor Freudenhäusern hingen früher nicht rein zufällig rote Lampen.

Aber hier, meine Damen, ein kleiner Dämpfer, der mit Ihrer Haarfarbe zusammenhängt. Für einen Mann ist nämlich eine blonde Frau das Nonplusultra. Jedenfalls wird man als blonde Anhalterin eher mitgenommen.[77] Selbst Autofahrerinnen halten öfter an, aber trotzdem nur halb so oft wie Männer.

Blonde Frauen schätzt man im Schnitt ein Jahr jünger ein und zudem gesünder als die »Konkurrenz«. Vor allem aber wirken Blonde unbewusst intimen Verhältnissen mit Männern weniger abgeneigt.[78]

Um das Kapitel über Farbe und Sexualität abzuschließen, erzähle ich Ihnen noch etwas über Seitenfleckleguane. Sie stellen am Hals eine Art Kette aus Farben zur Schau. Bei den Weibchen ist die Zeichnung gelb, bei polygamen Männchen orange und bei monogamen Männchen blau.

Die »Orangefarbenen« sind anderen Männchen gegenüber sehr aggressiv. Deswegen beherrschen sie große Gebiete und können zahlreichen Weibchen einen Lebensraum bieten. Die »Blauen« sind weniger ehrgeizig und geben sich mit einem kleinen Territorium und einem einzigen Weibchen zufrieden. In dieser kleinen Welt wäre also alles bestens, hätte Mutter Natur nicht die perfide Idee gehabt, einige Männchen mit einer gelben Kette auszustatten, wie sie normalerweise die Weibchen haben. Diese Männchen mit den gelben Zeichen plagen sich nicht damit ab, ein Territorium zu verteidigen, und tun so, als wären sie weiblich. Sie laden sich selbst in die Harems der orangefarbenen Männchen ein und beehren so viele Frauen wie möglich, bevor sie ertappt werden und dann ohne Vorwarnung von dem gehörnten Männchen, das vor Wut ganz orange ist, herausgeschmissen werden. Die Moral von der Geschichte lässt sich mit einem Ausspruch von La Fontaine zusammenfassen: »Dein Urteil sollte nicht auf Farben gründen.«

Farben und Sport

Stellen Sie sich vor, Sie sind ein erfahrener Kampfkunstrichter und sollen Taekwondo-Kämpfe bewerten, die Ihnen auf Video vorgespielt werden. Bei jedem Kampf trägt ein Sportler einen roten, der andere einen blauen Brustschutz. Würde Sie die Farbe bei Ihren Bewertungen beeinflussen?

Sportpsychologen der Universität Münster führten dieses Experiment mit 42 erfahrenen Kampfrichtern durch. Der Hälfte der Kampfrichter wurden die Kämpfe mit den Kontrahenten mit den »richtigen« Brustschutzfarben gezeigt, und der anderen Hälfte die Kämpfe mit vom Computer vertauschten Brustschutzfarben. Ergebnis? Bei denselben Kämpfen ernteten ursprünglich in Rot gekleidete Teilnehmer 13 Prozent mehr Punkte, wenn sie einen blauen Brustschutz trugen. Wenn ein Kämpfer allerdings viel stärker war als sein Gegenspieler, änderte die jeweilige Farbwahl nichts am Ausgang des Kampfes. Aber wenn die Leistungen ähnlich waren, gab die Farbe den Ausschlag.[79]

Auch bei einer anderen Sportart hat eine gewisse Farbe Einfluss auf die Unparteiischen: Die Rede ist von Schwarz. Fußballspieler mit einem primär schwarzen Trikot (eher selten) werden viel häufiger sanktioniert als Spieler mit andersfarbigen Trikots.[80]

Der Beweis dafür wurde genau wie beim Taekwondo erbracht: Man zeigte zwei Gruppen professioneller Schiedsrichter Videosequenzen von einem Fußballspiel. Die abgespielten Szenen enthielten problematische Ereignisse, die nicht leicht zu pfeifen waren. Die erste Schiedsrichtergruppe sah sich das Video an, in dem die Spieler mit dem schwarzen Trikot etwas taten, das geahndet wurde; die zweite Gruppe sah dieselben Szenen, allerdings trugen die Spieler andersfarbige Trikots.

Schlussfolgerung: Fußballschiedsrichter pfeifen häufiger und ziehen öfter eine Karte, wenn die beteiligten Spieler schwarze Trikots tragen.

Genug nun von den Schiedsrichtern. Schauen wir uns die Sportergebnisse an. Wir beginnen mit dem Griechisch-römischen Ringen, das ein Sport ist, von dem böse Zungen behaupten, es gäbe mehr Kämpfer als Zuschauer. Alle vier Jahre entdeckt man diesen Sport bei den Olympischen Spielen aufs Neue. Das Treiben erinnert ein wenig an die Kämpfe japanischer Sumoringer, aber mit dem Unterschied, dass die Kämpfer (die nicht einmal besonders dick sind) auffällige blaue oder rote Unterhemden tragen. Wenn man nun sämtliche Kämpfe dieser Sportart seit dem Beginn der Olympischen Spiele zusammenträgt, fällt auf, dass Kämpfer mit roter Bekleidung zu 67 Prozent den Sieg über die »Blauen« davontrugen, also in etwas mehr als zwei Dritteln aller Kämpfe.[81]

Die Farbe Rot nimmt anscheinend auch auf Mannschaftssportarten Einfluss. Schauen wir uns einmal den britischen Fußball an: Liverpool, Manchester United und Arsenal tragen rote Trikots und gewannen seit dem Zweiten Weltkrieg 39 von 69 Meistertiteln![82]

Vielleicht liegt es daran, dass Torwarte eher daran glauben, Elfmeter von Spielern mit weißem Trikot halten zu können als die von Spielern mit rotem Trikot.[83] Und andersherum werden Angreifer von der lebendigen Farbe der Torhüterbekleidung eingeschüchtert. Weil die Torwarte sich ihre Trikotfarbe aussuchen können, kommen Neonfarben immer mehr in Mode, die den Angreifern Angst einflößen sollen.

Falls Ihre Kinder davon träumen, später in englischen Pubs

professionell Darts zu spielen, würden Sie ihnen von dieser Karriere wahrscheinlich abraten. Sollten sie sich aber nicht abbringen lassen, empfehlen Sie den Kleinen, mit Pfeilen in lebendigen Farben zu spielen. Damit erzielt man immer bessere Ergebnisse, wirklich immer.[84]

Bei den Ergebnissen der Studie über den Einfluss von Farben auf den Sport herrscht heutzutage nahezu Einstimmigkeit. Nur ganz wenige Forscher (wie beispielsweise Pollet und Peperkoorn von der Universität Amsterdam) stellen die Wirkung der Farbe Rot im Sport in Frage. Die Ergebnisse können sogar leistungsschwachen Teams als Entschuldigungen dienen. Einige beschweren sich nämlich über die Trikotfarbe. Das American-Football-Team aus Wyoming war über UPS als Sponsor zunächst sehr glücklich, leider hat das Logistikunternehmen die Farben Braun und Gelb. Diese sind mehr oder weniger in Ordnung, wenn sie sich auf einem Lieferwagen befinden oder von Auslieferern getragen werden. Beim Football sind sie hingegen eher unvorteilhaft. Die Spieler fühlten sich mit den gelben Shorts und dem braunen Trikot einfach nicht wohl und rechtfertigten mit ihrer Abneigung die bemitleidenswerten Ergebnisse.

Der Coach der Footballmannschaft der University of Chicago schickt seine Spieler während der Pausen in eine blaue Garderobe. Bei psychologischen Vorbereitungen vor dem Match *(fight talks)* aber gehen seine Spieler in eine rote Kabine, die einen Einfluss auf ihren emotionalen Zustand haben soll.[85]

Und schlussendlich – wir befinden uns immer noch beim American Football – stelle ich Ihnen einen kleinen Schlaukopf vor: den früheren Coach der University of Hawaii. Er hatte vom »Baker-Miller«-Rosa gehört und sich gedacht, rosafarbige Umkleideräume würden dem gegnerischen Team den Wind aus den Segeln nehmen. Sein Team schlug nun wirklich sogar Mannschaften von noch angeseheneren Universitäten. Die Gastmannschaften, die unfreiwillig in seine Machenschaften verwickelt waren, wurden aufgrund der ungewöhnlichen Dekoration misstrauisch und beschwerten sich bei der Western Athletic Confernce, die universitäre sportliche Wettkämpfe im Westen und Süden der USA leitet. Die Organisation fügte – nach einigen anzüglichen Scherzen – ihrem Regelwerk eine neue Klausel hinzu: Die Umkleiden der Besucher müssen seitdem die gleiche Farbe wie die der Gastgeber haben. Man weiß aber nicht, ob in Hawaii nun alle beide Umkleiden rosa sind. Auch über den weiteren Karriereverlauf des Coachs ist nichts bekannt.[86]

Farben und Geschmackswahrnehmung

Bereits Höhlenmenschen wussten, dass man sich mit einem roten Pilz besser kein Omelett macht und eine grüne Frucht lieber noch etwas liegen lässt. Immer schon bewerteten wir Gefahren, Eigenschaften oder die Missstände in unserer Umgebung auch aufgrund von Farben.[87] Urteile fällen impliziert aber immer Subjektivität. Diese Urteile sind also häufig falsch.

Wenn Sie beispielsweise eine orangefarbene Cola probieren, ist die Wahrscheinlichkeit hoch, dass Sie das Getränk mit einem kohlensäurehaltigen Orangendrink wie beispielsweise Fanta verwechseln.[88]

Spanische Universitäten bevorzugen Orangensaft aus echten Orangen, den sie Hunderten Freiwilligen zum Probieren gaben. Sie servierten denselben Orangensaft – entweder ganz ohne Zusätze oder mit roter beziehungsweise mit grüner Lebensmittelfarbe versetzt –, damit die Probanden dachten, sie probierten drei verschiedene Säfte. Nahezu einstimmig wurde beschlossen, der »Blutorangensaft« sei der Beste und der »grünliche« Saft ein wenig sauer.[89]

Ein ähnliches Experiment wurde bei einem großen milchverarbeitenden Betrieb mit Joghurts durchgeführt. Die Wissenschaftler wollten den Einfluss der Farben verstehen und erfanden die Lebensmittelfarben »Ananasgelb« und »Erdbeerrot« für Joghurts. Die Verbraucher bekamen rosafarbenen bzw. gelben geschmacksneutralen Joghurt vorgesetzt und waren überzeugt, sie würden Erdbeerjoghurt bzw. Ananasjoghurt probieren ... Nachdem sie aber über den Trick informiert worden waren, erkannten sie ihren Irrtum.

Diese Studie bestätigt unsere Intuition über die Verbindung von Geschmack und Farbe: Rosa wird im Allgemeinen mit etwas Süßem in Verbindung gebracht, Grün mit etwas Salzigem, Orange mit pfeffrigen Lebensmitteln, Gelb mit sauren Produkten.[90] Blau ist die Farbe, die am allerwenigsten mit Nahrungsmitteln in Verbindung gebracht wird. Abgesehen von einigen wenigen Bonbons oder Cocktails gibt es keine blauen Lebensmittel.

Wenn wir noch einen Schritt weitergehen, wird klar, dass die Helligkeit einer Produktfarbe ebenfalls unsere Geschmackswahrnehmung beeinflussen kann. Um eine passende Farbe für einen Gewürzketchup auszuwählen, hat man Konsumenten drei mehr oder weniger dunkle Ketchups probieren lassen. Die Probanden wussten nicht, dass sie immer denselben Ketchup probierten, der sich lediglich in seiner Helligkeit unterschied. Der dunkelrote Ketchup wurde als viel schärfer als der mittelrote Ketchup beurteilt, Letzterer war für die Versuchspersonen vermeintlich schärfer als die hellrote Variante ...[91]

Dasselbe Ergebnis erhielt man bei Kindern, die denselben

Fruchtsirup mit unterschiedlich gesättigten Farbstoffen probierten. Je stärker die Sättigung der Sirupfarbe, desto ausgeprägter war scheinbar der Geschmack.[92]

Die Beziehung zwischen Geschmack und Farbe ist besonders wichtig beim Kampf gegen Übergewicht bei Kindern. Warum sollte man den tatsächlichen Zuckergehalt nicht zugunsten des »optischen« Zuckergehalts durch stark gesättigte Farben reduzieren?

Die Nahrungsmittelindustrie ist sich schon seit langem über die Bedeutung von Produktfarben im Klaren. Wenn man die Zutatenliste in Schriftgröße sechs (noch kleiner druckt es sich nicht gut) auf unseren industriell hergestellten Lebensmitteln liest, stößt man fast immer auf den Buchstaben E, gefolgt von Zahlen zwischen 100 und 182. Diese Ziffern beschreiben die Farbpalette, mit der unsere industriell gefertigten Lebensmittel eingefärbt werden. Lebensmittelfarben benutzt man aber nicht erst seit gestern. Zinnoberrot (E120) beispielsweise, ein Quecksilbersulfit, das Lebensmitteln eine Farbe zwischen Zimt und Orangen verleiht, wird schon seit jeher in der Küche verwendet.

Die Lebensmittelindustrie erlaubt drei Arten von Farbstoffen: natürliche Farbstoffe (wie beispielsweise Karamell E150), synthetische Farbstoffe, die in der Natur vorkommen, aber industriell hergestellt werden, und künstliche Farbstoffe, zu denen kein natürliches Pendant existiert (wie beispielsweise das Blau E131).

Die EFSA (European Food and Safety Authority), die europäische Behörde für Lebensmittelsicherheit, überwacht die Ungiftigkeit von Lebensmittelfarben. 2007 entbrannte ein Streit über einige chemische Farbstoffe, die im Verdacht standen,

Hyperaktivität bei Kindern zu steigern. Gesättigte synthetische Farbstoffe in Bonbons wurden daraufhin durch natürliche Farbstoffe auf Basis von Roter Bete oder Spinat ersetzt.[93] Das klingt auf jeden Fall besser!

Gute Nachrichten gibt es auch für praktizierende Juden und Muslime: Neun Zehntel aller Farbstoffe sind sowohl koscher als auch halal. Vegetarier hingegen konsumieren unwissentlich zumindest in rund der Hälfte aller Fälle Farbstoffe tierischen oder zumindest »unbekannten« Ursprungs. Übrigens zwingt niemand die Industrie, die Herkunft ihrer Industriefarben offenzulegen. In der Liste der Lebensmittelfarben mit »unbekannter Herkunft« hier – mit Rücksicht auf die Vegetarier, die sich dafür vielleicht interessieren – die E-Stoffe, in denen Spuren von Tierprodukten enthalten sind: E103, E111, E124, E128, E143, E173.

Unseren Koloristen mit weißer Mütze macht es Spaß, Pizzen schön rot und Minzsirup richtig grün zu färben. Das gilt allerdings nicht für mit Menthol aromatisierte Minze. In diesem Fall fügt man dem Sirup mit dem laut Test mit verbundenen Augen quasi identischen Geschmack keine Lebensmittelfarbe hinzu, damit grüner Minzsirup von Menthol-Minzsirup unterschieden werden kann.

Häufig bestimmt der Verbraucher selbst die Farben in Tests, die je nach Zielgruppe sehr ausgefeilt sein können. Die jeweiligen appetitanregenden Farben sind stark kulturell bedingt.

Ein Amerikaner beispielsweise würde niemals ein Ei mit brauner Schale kaufen. In Frankreich wiederum findet man keine Eier mit weißer Schale. Für einen Franzosen muss Mayonnaise gelb sein, jenseits des Atlantiks aber weiß, etc.

Richtig kompliziert wird es, wenn Farberwartungen in einem einzigen Land komplett gegensätzlich sind. Nehmen wir beispielsweise den Apfel. Für manch einen gibt es nur den grünen

Apfel, der für andere wiederum ein Synonym für einen Industrieapfel voller Chemie ist. Letztere finden die Säure besonders unangenehm. Für die meisten dieser Menschen ist ein schöner Apfel eigentlich ein hässlicher Apfel. Seine Farbe sollte undefinierbar sein: irgendwie Gelb, Orange, ein bisschen Braun. Unbestreitbar ist aber, dass Liebhaber von grünen Äpfeln bei Tests mit verbundenen Augen braune Äpfel bevorzugen können und umgekehrt.

Die gute Nachricht lautet: Aufgrund der unterschiedlichen kulturell bedingten Vorlieben befinden sich viele verschiedene Apfelsorten auf dem Markt (auch wenn die Sortenvielfalt langsam zurückgeht).

Schließlich muss die Farbe in Verbindung mit dem Produkt »akzeptabel« sein. Ein blau eingefärbtes Steak würden Sie vermutlich nicht herunterbekommen.[94] Weil Sie wahrscheinlich einen entfernten Vorfahren haben, der sich mit einem blauen Produkt vergiftet hat. Seitdem hindert Ihr Unterbewusstsein Sie daran, blaue Lebensmittel hinunterzuschlingen.

Der Farbton, der Wert (heller oder dunkler) und die Farbsättigung des Endproduktes ergeben sich folglich aus der Nachfrage, aber auch der erforschten Marktpositionierung. Je dunkler eine Brioche beispielsweise ist, desto stärker wirkt sie hausgemacht, je heller sie ist, desto weniger Kalorien hat sie scheinbar. Das Gleiche gilt für dunkles Brot, das nahrhafter wirkt und vermeintlich mehr Roggen enthält, ganz unabhängig vom Geschmack, den Verpackungsangaben oder dem Preis.[95]

Nimmt die Farbe des Geschirrs auch Einfluss auf die Geschmackswahrnehmung? Ja, eine heiße Schokolade schmeckt beispielsweise in einer orangen oder cremefarbenen Tasse besser als in einer roten oder weißen Tasse.[96]

Dasselbe Mineralwasser wird in verschiedenfarbigen Gläsern als mehr oder weniger erfrischend wahrgenommen. Am erfolgreichsten löscht man seinen Durst mit einem Schluck aus einem blauen Glas, gefolgt von einem grünen, roten und schließlich einem gelben Glas.[97]

Wenn man einen Servierteller anrichtet, sollte man wissen, dass der Simultankontrast, von dem wir zuvor gesprochen haben, Lebensmittel besser zur Geltung bringt. Eine Möhre beispielsweise sieht auf einem blauen Teller (also auf ihrer Komplementärfarbe) am vorteilhaftesten aus.

Und wenn Sie auf Ihre Linie achten, raten wir Ihnen, das Geschirr herauszuholen, dessen Farbe am weitesten von der Farbe Ihres Gerichts entfernt ist. Man neigt nämlich eher dazu, auf einem roten Teller Spaghetti Bolognese zu häufen als auf einem weißen. Im Gegensatz dazu serviert man sehr gerne Reis auf einem weißen Teller und langt bei einem dunklen Teller weniger gerne zu.

Schlussfolgerung: Möchte man sich auf Diät setzen, ist der größtmögliche Kontrast zwischen Farbe und Gericht immer gut.

Unbewusst probiert man ein Gericht also zunächst mit den Augen. Die großen Köche wissen das schon seit langem, im Orient wie im Okzident. In Japan wird sogar in den kleinsten Klitschen großer Wert auf die Darreichung des Essens gelegt, Farben sind dabei besonders wichtig. Stellen Sie sich einen Teller Sushi ohne den gelblich-orangen Ingwer vor: In Japan wäre das undenkbar. So ein Teller wäre weniger schön, deswegen wäre das Essen weniger gut, selbst wenn Sie den Ingwer gar nicht anrühren.

Bei unserer kognitiven Wahrnehmung ist das Auge zweifelsohne einflussreicher als der Gaumen. Ich lade Sie, lieber Leser, dazu ein, bei einem Parisbesuch mit Ihren Freunden in einem Restaurant namens »Dans le noir« zu speisen. Als Kellner arbeiten hier Blinde in einem komplett abgedunkelten Raum. Zunächst ist es eine interessante Erfahrung, wie es sich mit einem Handicap lebt, und noch dazu die Rollen zu tauschen. In diesem Restaurant helfen Ihnen Nichtsehende beim Platznehmen, beim Aufstehen und bedienen Sie außerdem. Sie bringen Ihnen sogar bei, wie man sich etwas einschenkt, ohne zu verschütten: Man hält einen Finger oben ins Glas, und wenn der nass wird, ist das Glas voll. Am bemerkenswertesten ist, dass sich Ihr Verhältnis zu den anderen Anwesenden völlig verändert. Zwangsläufig ist man aufmerksamer, um zu verstehen, wer gerade redet und wer von den Gästen mit wem spricht. Ohne den Sehsinn entdecken Sie die Stimmen Ihrer Freunde neu. Sie haben nur noch Ihren Gehörsinn. Beim Erraten der Speisen hat man in diesem Restaurant zahlreiche Aha-Erlebnisse. Ich empfehle Ihnen, das Überraschungsmenu zu nehmen, wo es darum geht, die Lebensmittel zu erraten. Die Geschmackswahrnehmung verändert sich. Bekannte Geschmacksrichtungen werden neu entdeckt, die Konsistenz der Nahrung wird beachtet, ebenso die Würze. Ich will Ihnen nur so viel verraten: Ich habe einen sehr guten Fisch genossen, der auf den Punkt gebraten war und sich letztendlich als Lammragout entpuppte.

Farben und Geruchssinn

Der Geruchssinn wird ebenfalls stark von Farben beeinflusst. Viel mehr als man eigentlich denken würde. Mit 54 Studenten der Fakultät für Weinbau in Bordeaux wurde ein amüsantes Experiment durchgeführt. Man bat sie, die Aromen eines Weißweins mit geschützter Herkunftsbezeichnung aus Bordeaux zu beschreiben. Die Studenten rochen Honig-, Butter- und Mandelaromen sowie eine Zitronennote heraus. Also klassische Weißweinaromen, die - man höre und staune - bei den meisten Weinen mit einer ähnlichen Farbe zu finden sind. Dann wurde dem Weißwein ein roter geruchs- und geschmackloser Farbstoff hinzugefügt. Und man bat die Studenten erneut um eine Beschreibung. Die Nachwuchsönologen stellten Kirsch-, schwarze Johannisbeer- und Himbeeraromen fest, also alles Merkmale von Rotwein, die ebenfalls - man höre und staune - rot oder dunkel sind.[98]

Zwischen einer Farbe und einem spezifischen Geruch besteht ein natürlicher Zusammenhang.[99] Wenn Sie an einem grün eingefärbten Orangensaft schnuppern, verwechseln Sie ihn sehr wahrscheinlich mit Zitronensaft.

Sicherlich riecht Kaffee am stärksten nach Kaffee, wenn er in einer kaffeefarbenen Verpackung ist. Und Schokoladenbonbons riechen richtig schön nach Schokolade, wenn die Verpackung schokoladenfarben ist. Je roter ein Erdbeersirup ist, desto stärker riecht er nach Erdbeere etc.[100]

Aus den gleichen Gründen erwartet ein Verbraucher, dass ein blaugrüner Keks nach Minze riecht. Für diejenigen, die Produkte mit einem Duft herstellen, ist es also wichtig, entweder den Farbton des Produkts oder der Verpackung geschickt zu wählen. So einfach ist es aber nicht.

Als Beispiel soll uns Parfum auf Basis des tropischen Süßgrases Vetiver dienen. Da das französische Wort »vert« (deutsch: »grün«) phonetisch an »Vetiver« erinnert, stellt man sich in Frankreich auch die Parfumgrundlage grünlich vor. Aber, die Essenz von Vetiver, aus der das Parfum gewonnen wird, ist überhaupt nicht grün. Der Alkohol muss also erst entfärbt und dann grün eingefärbt werden.

Die Sättigung der Farbe muss außerdem gut dosiert werden. Je stärker ein Produkt gefärbt ist, desto stärker wird sein Duft eingeschätzt.[101]

Schlussendlich verbinden wir ebenfalls unbewusst starke Gerüche mit dunklen Farben. Und andersherum wird ein helles Produkt mit einem leichten Geruch in Verbindung gebracht.[102]

Da Farbton, Helligkeit und Sättigung eine Auswirkung auf die Geruchswahrnehmung haben, muss die entsprechende Farbe sorgfältig ausgewählt werden.

Und genau das ist meiner Meinung nach zum Beispiel bei der Markteinführung der Bic-Parfums (1988) nicht passiert. Bic bot damals vier Parfums zu einem unschlagbaren Preis in Flacons an, die wie Feuerzeuge aussahen. Mit Marketingmaßnahmen hatte man nicht gegeizt. Die Kunden waren hin und weg davon, ihre Parfums fünfmal billiger in einem Tabakladen zu kaufen. Die besten Nasen arbeiteten (heimlich) für Bic. Auf Teststreifen wurde jeder Duft von Verbrauchern mit verbundenen Augen als sehr angenehm zu tragen bewertet, noch lange vor der Markteinführung der einzelnen Segmente. Die Geldgeber von Bic konnten bereits den Geruch von grünen Scheinen in ihren Geschäftsbüchern riechen und brachten die Produktpalette mit den vier Parfums Blauschwarz, Schwarz, Grün und Rot auf den Markt.

Dabei hatten sie aber die Wirkung der Farben unterschätzt.

Das Auge hat einen stärkeren Einfluss auf die Produktwahrnehmung als die Nase, man hätte also unbedingt auch die Farbwirkung testen müssen, nicht bloß den Duft der Inhalte.

Und da die Parfums in Flakons in dunklen (Blauschwarz, Schwarz) oder sehr gesättigten (Grün und Rot) Farben verkauft wurden, erschien der Duft den Käufern als viel zu stark und wenig raffiniert. Wegen dieser unvorteilhaften Farben lehnten die Kunden das Produkt voll und ganz ab. Ein absoluter Misserfolg bei der Markteinführung.

Die Verbindung zwischen Gerüchen und Farben ist abhängig von der jeweiligen Kultur.

Schauen wir uns einmal die Niederländer, die Chinesen (die in Holland leben), die Deutschen, Malaysier, Sino-Malaysier und Amerikaner an. Man lässt sie an 14 verschiedenen Düften riechen und bittet sie dann, jedem Duft einer Farbe zuzuordnen. Genau das haben deutsche Forscher getan. Die Ergebnisse sind überraschend: Zunächst einmal ist die Verbindung zwischen Farben und Gerüchen innerhalb einer Kultur sehr homogen.

Bei den Malaysiern beispielsweise wird Seifengeruch immer mit Blau oder Gelb in Verbindung gebracht.

Bei den in den Niederlanden lebenden Chinesen wird der gleiche Duft nach Seife mit Grün oder Braun assoziiert.

Bei der Zuordnung von Farben zu Gerüchen sind sich Deutsche und Amerikaner am ähnlichsten. Die größten Unterschiede bestehen zwischen Deutschen und Sino-Malaysiern.[103]

Farben und Produkte oder Verpackungen

Verpacken ist die Kunst, das Produkt so einzuhüllen, dass der Kunde eingewickelt wird. In den 1950er Jahren fügte 7-up der Verpackung 15 Prozent mehr Gelb hinzu (ohne das Produkt zu ändern), und den Kunden gefiel der »zitronigere« Geschmack besser.[104]

Heute ändert sich die Welt der »Konditionierung«, um es einmal ganz klar und deutlich zu sagen, ganz grundlegend. Auf der einen Seite gibt es Drucker, welche die ausgefallensten Formen reproduzieren können, auf der anderen Seite verlangen umweltbewusste Konsumenten von der Marke weniger Verpackungen.

Bei Verpackungsformen wird normalerweise von Verpackungsexperten angenommen, dass Männer von quadratischen und harten Formen stärker beeinflusst, Frauen hingegen stärker von abgerundeten und geschwungenen Formen angezogen werden.

Kulturelle Unterschiede erfordern immer einige Anpassungen bei der Verpackungsaufmachung. Kentucky Fried Chicken (KFC) beispielsweise musste seine »Pappeimer« vom japanischen Markt nehmen. Die Japaner empfanden die aufeinandergehäuften Hähnchenstücke als sehr ordinär und sogar suspekt, weil sie die untenliegenden Stücke nicht sehen konnten, wenn sie die Verpackung entgegennahmen. KFC ließ sich dann stark von den japanischen »Bentos« beeinflussen, um »angemessen servieren« zu können, wobei angemessen heißt, dass alle Hühnerstücke nebeneinander auf einem Teller liegen. Leider bedeutet das auch, dass die japanischen Verpackungen in der Produktion doppelt so teuer sind wie amerikanische »Eimer«. »Ich glaube, das ist besser so«, versichert Herr Ohkawara, der Vorsitzende von KFC Japan, jedem, der es hören möchte, mit einem sehr japanischen Lächeln. Er ist davon überzeugt, dass sich die Restaurantkette mit der amerikanischen Verpackung nicht durchgesetzt hätte.

Und sicherlich ist die Verpackungs- oder Produktfarbe ausschlaggebend für den Kauf. 92 Prozent aller Menschen schätzen, dass Farben bei ihren Kaufentscheidungen eine wichtige Rolle spielen. 84 Prozent schätzen sogar, dass die Farbe für sie das wichtigste Kaufargument ist! Diese Zahl lässt sich mit den mageren sechs Prozent der Befragten vergleichen, die auch den Tastsinn wichtig finden. Den Gehör- und Geruchssinn erachtet gerade einmal ein Prozent für relevant, außer natürlich, wenn es sich um Musikstücke oder Parfum handelt ...[105]

Beim Kauf ist der erste Eindruck ausschlaggebend. Mindestens zwei von drei Personen lassen sich bei der Bewertung eines Produktes hauptsächlich von der Farbe leiten.[106] Der Einfluss von Farben ist umso wichtiger, wenn das Produkt wenig aussagekräftig ist.[107] Das ist bei Produkten der Fall, zu denen man keine emotionale Bindung hat. Je kürzer der Kunde über eine Produktentscheidung nachdenkt, desto wichtiger ist die Produktfarbe. Die erkennt man in einer Zehntelsekunde. Zur Entzifferung eines Schriftzuges braucht man viel länger, ganz zu schweigen von der Zeit, die man zum Lesen der Informationen auf der Verpackung benötigt.

Bei Produkten, die im Geschäft um die Aufmerksamkeit der Kunden konkurrieren, helfen Farben bei der Bestimmung der Zugehörigkeit zu einer Produktgruppe. Man geht davon aus, dass Menschen im Westen mit gesichertem Einkommen eine Vorliebe für farblose Produkte haben, finanziell schwächere Haushalte hingegen eher satte Farben bevorzugen.

SEB beispielsweise besitzt verschiedene Marken von elektrischen Haushaltsgeräten und wählt die Produktfarbe gemäß deren Positionierung. Schauen wir uns einmal Toaster und Kaffeemaschinen an. Bei den Einsteigermodellen findet man Moulinex, und diese Marke gehört dort von den Farben her auch voll und ganz hin (Rot, leuchtendes Gelb, Grün). Rowenta - ein wenig schlauer - verleiht seinen Mittelklasseprodukten die »schicken« Farben Weiß, Schwarz und Rot. Und ganz oben im Segment befinden sich Produkte von Krups, die sich an die höheren Einkommensklassen richten und fast durchgängig in Schwarz und Edelstahl gehalten sind, um die »gehobene« Qualität zu betonen.

Farben haben außerdem einen wichtigen Einfluss, wenn das Produkt noch unbekannt ist.[108] Bei neuen Produkten bestimmt der Marktführer die Gesetze. Konkurrenten, die danach auf den Markt streben, richten sich nach dessen Regeln, damit man sie direkt erkennt. Die Nachahmerprodukte wollen sich dabei vom »Original« abheben (aber nur ein bisschen). Der rotweiße Schriftzug gehört einfach zur Cola. Auf dem Logo der Pepsi-Cola befindet sich auch die Farbe Blau, ansonsten hat das Etikett aber die Farben des historischen Marktführers.

Sobald sich eine Farbe für eine Marke etabliert hat, muss man sie unbedingt beibehalten. Ein bereits konsumiertes Produkt wird im Warenregal zu 80 Prozent an seiner Farbe wiedererkannt.[109] Hermès kann man sich nicht ohne die Farbe Orange vorstellen. Diese Farbe ist seit dem Zweiten Weltkrieg das Markenzeichen des Unternehmens. Damals konnte der Drucker in Paris aufgrund von Farbmangel lediglich orange Farbdosen liefern.[110] Dennoch war in den 1990er Jahren der Reiz anderer Farben groß, weil Orange zu jener Zeit aus der Mode gekommen war. Aber mit dem Wissen, dass sich in der Mode alles wiederholt, hat Hermès diese Identifikationsfarbe beibehalten.

In der hart umkämpften Kosmetikwelt verfügen die meisten

Marken über ihre eigenen Farben, denen sie das Farbschema des Marktes je nach Produktart hinzufügen.

Ein Beispiel dafür sind Shampooflaschen: Rot steht für gefärbte Haare, Gelb für trockene oder strapazierte Haare und Blau für Anti-Schuppen-Shampoo.

Diese beständige Farbgebung soll dem Kunden die Orientierung erleichtern. In Frankreich muss man am Milchregal die Packungsangaben gar nicht mehr lesen, weil man anhand der Farbe erkennen kann, ob es sich um Milch mit vollem Fettgehalt (Rot), halbfette (Blau) oder entrahmte Milch (Grün) handelt.

Manch einer möchte durch neue Farben mit den Normen brechen. Wenn dieser Wunsch bloß darauf beruht, dass man das Alte abschaffen möchte, finde ich das Vorhaben riskant, weil man damit den Kunden verunsichert. Wenn es aber vom Marketingstandpunkt aus einen guten Grund für die Entscheidung gibt, kann eine neue Farbwahl durchschlagenden Erfolg haben. Der Bruch mit der Form sollte stets eine grundlegende Änderung unterstreichen. Als Lactel 2007 eine Milch auf den Markt brachte, die für schwangere oder stillende Frauen gedacht war, war es sehr schlau, diese Milch in einer rosafarbenen Plastikflasche zu verkaufen. Rosa katapultiert uns direkt ins Kleinkindalter. Selbst beim Babyrosa für die Evian-Etiketten und den babyblauen Verschlüssen dieser Flaschen greift dieses Prinzip. Diese Farben vermitteln ganz deutlich: Evian ist ein ideales Mineralwasser für Babyfläschchen.

Ein internationales Beispiel für revolutionäre Farbwahl kommt von Apple. Das Unternehmen brachte 1998 einen iMac in verschiedenen poppigen Farben heraus. Ein absolutes Novum in der biederen Schwarz-Weiß-Welt der Informatik. Die Botschaft von Apple war ganz schlicht: »Dieser Computer macht Spaß.« Die kräftigen Farben zeigten ganz hervorragend den frischen Wind, der durch die Lüftungen der Microcomputer wehte. Die neue Farbgebung diente vor allem dazu, eine neue Produktwelt zur Geltung zu bringen, und setzte nicht nur auf die Signalwirkung. Der Mac OS brach vollständig mit dem Betriebssystem von Microsoft. Die Konkurrenz hat die Marke mit dem Apfel sehr schnell nachgeahmt. Heutzutage muss sich Apple erneut von den Imitatoren abheben und dazu die bunten Farben wieder zugunsten von weißen oder metallischen Rechnern aufgeben, die das hohe Preissegment veranschaulichen sollen.

Weil heutzutage die meisten Produkte nicht bloß in einem Land verkauft werden, muss man kulturelle Unterschiede bei einer Farbwahl, die mit der Norm bricht, berücksichtigen. Ein aktuelles Beispiel: Cadbury wollte weltweit einen violetten Schokoriegel herausbringen. Auf dem englischen Markt eine gute Idee; die Engländer halten eine violette Verpackung für sehr hochwertig und luxuriös. In Taiwan hingegen ist eben diese violette Verpackung sehr ungünstig, weil die Taiwanesen sie mit qualitativ minderwertigen Produkten in Verbindung bringen. Cadbury hat also einfach die Verpackungsfarben für den chinesischen Markt geändert.[111] Kulturelle Unterschiede gewinnen mit zunehmender Isolation des jeweiligen Landes an Wichtigkeit. Sicherlich haben sich die Geschmäcker der Chinesen internationalisiert, die auf Reisen gehen. Aber für die eine Milliarde ihrer Landsleute, die nie ins Ausland kommen, sind diese Überlegungen wichtig. In China kommen beispielsweise helle, bunte und sehr kontrastreiche Verpackungen viel besser an als dunkle Umhüllungen.[112] Als wäre »Bling-Bling« eine chinesische Erfindung. Dabei sollte man wissen, dass vor allem Frauen dieses Glitzerzeug mögen.[113]

Mit wenigen Ausnahmen bevorzugen Marketingexperten dunkle Farben für maskuline Produkte, weil Männer im Allgemeinen nach technischem Know-how und Leistungsfähigkeit streben. Kinder aber, die besonders sensibel auf Verpackungsfarben reagieren, mögen eben diese dunklen Farben, die ihnen unbewusst Angst einjagen, nicht.[114] Produkten für Frauen werden im Allgemeinen Pastell- oder sinnliche Farben zugeordnet.

Ein Seifenfabrikant beispielsweise denkt sich vor der Produkteinführung einer rosafarbenen Verpackung, dass Männer sein Produkt sowieso nicht kaufen werden, weil sie es als weiblich bewerten. Farben regulieren außerdem problematische Produktgewichte. Wie sich herausstellte, hängt die Wahrnehmung dieses Gewichts stark von der Farbe ab. Hier sind die Farben von leicht nach schwer sortiert: Grün, Türkis, Gelb, Blasslila, Rot und Blau.[115]

Wenn das Produkt glaubwürdig wirken soll, sollte man wissen, dass Objekte in »warmen« Farben (Gelb - Rot) größer und solche in kalten Farben (Blau - Grün) kleiner eingeschätzt werden.[116]

Wenn man Authentizität anstrebt, muss man wissen, dass eine Packung mit dunklen Produkten seriöser, stärker und wichtiger wirkt. Die Kehrseite der Medaille: In Spanien beispielsweise werden Produkte mit dunklen Verpackungen als besonders teuer eingeschätzt.[117]

In Gegensatz dazu steht eine helle Verpackung für Harmlosigkeit, Zerbrechlichkeit und minderwertige Qualität.[118] Und in Spanien gilt Helligkeit bei Produktverpackungen als Zeichen von Aufgeschlossenheit.[119]

Darüber hinaus haben wir gesehen, dass die Verpackungsfarbe die Intensität bestimmt, mit der ein Duft wahrgenommen wird. Eine Kaffeeverpackung riecht am stärksten nach Kaffee, wenn sie kaffeebraun ist.[120] Die Farbe der Kaffeeverpackung beeinflusst zudem die Geschmackswahrnehmung. Freiwillige

Versuchspersonen haben viermal denselben Kaffee zum Probieren bekommen, der allerdings vor nicht beschrifteten verschiedenfarbigen Dosen serviert wurde. Wie sich herausstellte, verband eine große Mehrheit das Produkt in der braunen Dose mit kräftigerem Kaffee, der Inhalt der gelben Dose wurde für leichten, der in der roten für einen sehr aromatischen und der Inhalt der blauen ebenfalls für einen leichten Kaffee gehalten. Keine Testperson hat herausgefunden, dass es sich viermal um denselben Kaffee handelte.[121]

Wie Gainsbourg, der seine »couleurs café«, seine »Kaffeefarben« liebte, schätzen auch Millionen Menschen auf der ganzen Welt die Kaffeefarben von George Clooney und Nespresso. Diese Kampagne veranschaulicht die Verwendung von Farben zur Produkteinführung auf einem neuen Markt. Nespresso hatte die geniale Idee, ein praktisches Kapselsystem zu entwickeln. Mit der passenden Maschine kann man mit diesen Kapseln einen Espresso zubereiten, der schmeckt, als wäre er mit einer professionellen Maschine zubereitet worden. Nespresso wollte mit den sehr markanten Farben auf den verschiedenen Kapseln zur Kennzeichnung der Sorten sein neues Konzept unterstreichen. Ein wahrer Kaffeeliebhaber kann sogar sein bevorzugtes Kaffeeanbaugebiet wählen.

Tolle Idee! Wenn auch nicht gerade umweltfreundlich. Helle Farben kennzeichnen leichte Kaffeesorten und dunkle Farben starken Kaffee. All das wirkt total stimmig. Aber warum hat dann entkoffeinierter Kaffee die Farbe Rot? Man weiß doch, dass diese Farbe aufregt. Und genau das möchte man doch bei einem entkoffeinierten Getränk nicht. Waren die Marketingleute hier etwa unaufmerksam? Warum wollte man mit Blau – der sonst etablierten Farbe für entkoffeinierten Kaffee – brechen? Wegen der roten Kapsel kann diese Sorte als weniger entkoffeiniert wahrgenommen werden.

Die Konkurrenz von Nespresso hat sich genau diese Frage gestellt und sich - weil sie keine Antwort gefunden hat - zum Großteil für die Beibehaltung der etablierten Logik entschieden: Entkoffeinierte Kapseln, die mit Nespresso kompatibel sind, wie beispielsweise Produkte des Unternehmens L'Or de Maison du café, sind blau. Das verwirrt Menschen, die gerne entkoffeinierten Kaffee aus Kapselmaschinen trinken.

Die Wichtigkeit von Farben führt bei vielen Firmen dazu, dass sie ihre eigene Farbe schützen lassen wollen: Orange, La Poste, UPS, Heinz, T-Mobile, BP etc.

Eine Farbe zu schützen ist immer schwierig. Schauen wir uns den Schuhhersteller Christian Louboutin und seine Schuhe mit den roten Sohlen als sehr starkes Alleinstellungsmerkmal an. Er hat bereits Prozesse gegen YSL, Zara und Eden Shoes geführt, die ebenfalls Schuhe mit roten Sohlen zum Verkauf angeboten haben. Bis zum heutigen Tag hat Louboutin sämtliche Prozesse zum Schutz seiner Farbe verloren.

Farben, die weißer waschen

In einer anderen Branche überlässt man die Farbauswahl seit langem nicht dem Zufall, weil man den Kunden verführen möchte. Die Rede ist vom Marketingtempel schlechthin: der Reinigungsmittelindustrie. In den 50er Jahren hatten Procter & Gamble die findige Idee, dem berühmten weißen Waschpulver Farbstückchen beizumischen. Um die beste Farbe für diese Körnchen herauszufinden, startete das Marketingteam zahlreiche Tests unter Hausfrauen, bei denen die Waschpulver gelbe, rote oder blaue Farbstückchen enthielten. Natürlich verfügten die unterschiedlich gefärbten Pulver über dieselbe Waschkraft. Dennoch wusch das erste Waschmittel »nicht gut genug«, das zweite »beschädigte« die Wäsche, beim dritten wurde die Wäsche »am saubersten«.[122]

Noch ein interessanter Fall: flüssige Waschmittel. Palmolive wollte die ideale Farbe für dieses Waschmittel herausfinden. Hausfrauen testeten also über mehrere Wochen hinweg dasselbe Waschmittel in verschiedenen Einfärbungen. Sie dachten natürlich, sie würden verschiedene Produkte miteinander vergleichen. Für nahezu alle Hausfrauen war das gelbe Waschmittel am wirksamsten gegen Fett. Gleichzeitig empfanden sie es als nicht so frisch wie das grüne. Dem transparenten Waschmittel wurde die vermeintlich beste antibakterielle Wirkung und paradoxerweise auch die beste Umweltverträglichkeit attestiert. Schlussfolgerung: Keine Farbe vereint all diese Qualitäten in sich. Heutzutage sind gelbe, grüne oder transparente Flüssigwaschmittel auf dem Markt, welche die jeweiligen psychologischen Erwartungen der Käufer erfüllen.

Es gibt inzwischen sogar rosafarbenes Spülmittel, das scheinbar die Hände weniger angreift. Vielleicht weil es die Farbe von Spülhandschuhen hat?

Genauso sieht es bei Zahnpasta aus. Man schreibt diesem Produkt in Abhängigkeit von der Farbe unterschiedliche Eigenschaften zu. Viele Pasten sind dreifarbig, um die »Dreifachwirkung« zu unterstreichen ...

Farben und Pharmakologie

Eine weitere Branche, in der man in Sachen Farben nichts dem Zufall überlässt, ist die pharmazeutische Industrie. Und das bereits lange bevor überhaupt von einer »Industrie« die Rede war. Der berühmte Paracelsus dachte schon im 16. Jahrhundert, dass die Formen und Farben von Medikamenten auf das Organ hindeuten könnten, für das sie vorgesehen waren. Der gelbe Saft des Schöllkrauts beispielsweise diente laut Paracelsus der Behandlung der Leber, weil die Galle dieselbe Farbe hatte.[123]

Deswegen werden heutzutage vielleicht braune Abführmittel für wirksamer gehalten.

Wenn man aber weiß, dass ein rotes Placebo unter Umständen genauso wirksam ist wie ein echtes Schmerzmittel in einer anderen Farbe,[124] wird klar, dass die richtige Farbe bei einem Medikament eine große Rolle spielt, um Wirksamkeit und »Placeboefekt« (»Ich werde gefallen« auf Latein) optimal zu kombinieren.

Ein Beruhigungsmittel (Oxazepam) wirkt als grüne Tablette objektiv stärker und als rote oder gelbe Tablette objektiv schwächer. Die Farben »Rot« und »Leuchtendes Gelb« werden nämlich als stimulierend wahrgenommen.[125] Die Medikation ist bei großen Tabletten umso effektiver, mit Ausnahme von kleinen roten oder gelben Pastillen, die den Anschein von Aktivität wecken.[126]

Für einen geruhsamen Schlaf, darin sind sich zahlreiche Studien einig, muss ein wirksames Schlafmittel zwangsläufig blau sein, Orange wäre ein absolutes No-Go.[127] Und weiße, blaue oder grüne Tabletten lindern am besten Schmerzen.[128]

Grüne Pillen helfen am wirksamsten gegen Angstzustände, Depressiven werden allerdings am ehesten gelbe Tabletten empfohlen.[129]

Die gefühlte Wirksamkeit eines Medikamentes ändert sich ebenfalls in Abhängigkeit von der jeweiligen Farbe. Im Folgenden sind diese Farben mit derselben Sättigung in absteigender Reihenfolge aufgeführt: Rot, Schwarz, Orange, Gelb, Grün, Blau und Weiß.[130] Die Bewertungen wurden unabhängig vom Geschlecht oder der laufenden Behandlung getroffen. Je gesättigter die Farbe ist, desto wirksamer erscheint das Medikament.[131]

Sogar die Verpackungsfarbe nimmt Einfluss auf die empfundene Wirksamkeit. Wenn die Verpackung in einer dunklen oder warmen Farbe gehalten ist, wird das Medikament als »stark« und außerdem als schnell wirksam bewertet.[132] Eine dunkle und gleichzeitig warme Farbe ist folglich ideal für eine Medikamentenverpackung für leichte Beschwerden, wie beispielsweise Hals- oder Kopfschmerzen, die man gerne zügig behandeln würde, grüne oder gelbe Verpackungen werden für leichte oder homöopathische Medikamente empfohlen.[133]

Auf dem Markt ist festzustellen, dass der Farbencode bei Generika nicht immer eingehalten wird. Ich denke, das ist ein Grund dafür, dass viele Patienten sich mit diesen Medikamenten weniger gut »fühlen«. Ich bin überzeugt davon, dass Generika in warmen und gesättigten Farben, die sich zudem noch in einer dunklen Verpackung befinden, von den Patienten als wirksamer empfunden und deswegen auch besser angenommen würden. Das wiederum würde zudem den Placeboeffekt steigern.

Und zu guter Letzt noch eine kleine erstaunliche Anekdote, die zeigt, dass spezifische Erwartungen an Medikamentenfarben in allen Kulturen gleich sind: Auf den Batikmärkten in Lomé im Togo verkauft »Mama Benz« Beutel mit pharmazeutischen Kapseln ungeklärter Herkunft: Diese erfolgreichen afrikanischen Marktfrauen erklären den Kunden, welche Farbe »für den Kopf«, welche bei »Wehwehchen am Bauch« etc. hilft. Nach einer Analyse dieser Kapseln konnte man erstaunlicherweise feststellen, dass sie in den allermeisten Fällen mit ihren Ratschlägen richtig lagen und folglich die passenden Mittel verkauften.[134]

Farben und Kaufanreiz

In jeder Branche verkünden die Marketingexperten lauthals »die Wiederkehr der Farben«. Nun gut. Einige Beispiele: Die Nagellackindustrie hat ihren Umsatz zwischen 2006 und 2013 nahezu verdoppelt. Einige Marken bieten ihren Kundinnen über 200 Farbtöne an. Nun gut. Rote, blaue oder grüne Haare sind nicht mehr für Punks reserviert. Nun gut. Noch nie zuvor gab es so viele Farben, zwischen denen Autokäufer wählen konnten, wie heute. Nun gut. Die Marke Pantone, die für ihren Farbfächer bekannt ist, verkauft erfolgreich Stühle, Tassen und Lampen in ihren Farben. Nun gut.

Wenn man allerdings etwas genauer hinschaut und von einigen Produkten wie beispielsweise Nagellack oder den Angeboten von Pantone absieht, dienen Farben dazu, etwas zu verkaufen, und zwar ein graues, schwarzes oder weißes Produkt.

Der amerikanische Konzern DuPont, der unter anderem Autolacke herstellt, veröffentlicht regelmäßig seinen »Automotive color popularity contest«, der die Lieblingsfarben von Autofahrern aus der ganzen Welt bestimmt. Die drei beliebtesten Autofarben sind: Weiß, Schwarz und metallisches Grau. Sie haben einen meilenweiten Vorsprung vor anderen Farben; drei Viertel aller Autos sind in diesen Farben lackiert. Und was auch sehr bemerkenswert ist: Diese drei Lieblingsfarben sind in allen Ländern der Erde gleich! In der Bekleidungsindustrie sind sehr bunte Schaufenster und die Bekleidung der Menschen, die man auf der Straße sieht, zweierlei Dinge. Man kann nicht sagen, dass Kleidung im Allgemeinen besonders farbenfroh ist. Schauen Sie sich Wände in Häusern und Wohnungen an, werfen Sie einen Blick auf Büroräume, die meisten Geschäfte (Lebensmittelgeschäfte ausgenommen): Nie zuvor gab es so wenige Farben.

Auch die Farbe von Preisetiketten hat einen Einfluss auf Verkäufe. Eine Studie zeigt, dass Männer in Elektrogeschäften eher dazu neigen, Artikel mit einem roten als mit einem andersfarbigen Etikett zu kaufen. Diese Vorliebe verstärkt sich noch, wenn die Käufer sich wenig für die technischen Eigenschaften des Produktes interessieren.[135]

Im Gegensatz dazu sind Frauen nicht empfänglich für bestimmte Etikettenfarben. Ihnen sitzt allerdings in Umgebungen mit leuchtenden Farben das Geld lockerer in der Tasche. Die meisten Geschäfte sollten sich folglich mit leuchtenden Farben schmücken und »unbunte« (weiß/grau) oder wässrige Farben vermeiden.[136] Dies gilt allerdings nicht für Luxusboutiquen à la Chanel, bei denen Schwarz und Weiß zum Farbcode gehören. Wir alle werden unbewusst von Farben angezogen.[137] Dennoch öffnen (und schließen) tagtäglich farblose Boutiquen.

Wie sich herausstellte, spielen gewisse Farben eine mehr oder weniger starke Rolle für den Kaufanreiz, vor allem bei Frauen sind die Auswirkungen bedeutend. Als Wand- oder Möbelfarbe sorgen Gelb und Violett für eine stärkere Kundentreue. Mit Grün hingegen lässt sich die Kauflust verbessern.[138]

Bevor man aber überhaupt das Portemonnaie zückt, muss man ein Geschäft betreten! Schaufenster oder Außenbereiche in warmen und stark gesättigten Farben befinden sich wegen ihrer »sensorischen Aktivierung« mithilfe der Farben Orange, Rot und Gelb-Grün weit vorne.[139] In ein warmes Geschäft möchte man gerne eintreten. Von außen betrachtet wären Sie dazu bereit, 45 Prozent mehr Geld in einer roten als in einer blauen Umgebung auszugeben.[140]

Allerdings kann in den Innenräumen eines Geschäfts eine warme Farbe das Gefühl vermitteln, man zwänge Ihnen etwas auf. Deswegen sind farblich kalte Farben im Innenbereich (ausgestellte Produkte, Wandfarben oder das Mobiliar) sehr vorteilhaft.[141] Mit kalten Farben fühlt der Kunde sich gut, setzt sich auch einmal hin und hat an der Kasse mehr im Einkaufswagen als der Durchschnittseinkäufer.[142]

Diese Studien wurden von großangelegten Tests der Supermarktketten Auchan und Carrefour mehr als bestätigt. Das Ergebnis: Heutzutage sind sämtliche großen Oberflächen der Geschäfte im Außenbereich in stark gesättigten Farben und im Inneren in kühlen Farben gehalten.

Dennoch ist es nicht immer leicht, im Außenbereich eines Geschäfts Farben zu verwenden, besonders dann nicht, wenn es sich um ein denkmalgeschütztes Haussmann'sches Gebäude in der Hauptstadt handelt. Daran soll es aber nicht scheitern! Ein Marketingexperte des asiatischen Textilunternehmens Uniqlo hat eine Lösung für dieses Problem gefunden und 2012 einen »Flagship-Store« im Pariser Arrondissement de l'Opéra eröffnet. Die roten LEDs wurden in den Setzstufen der Treppe angebracht, die ins Geschäft führt. Die von der Straße sichtbaren LEDs zeigten Texte in Laufschrift. Das ist aus zumindest drei Gründen sehr clever: Zunächst zieht rotes Licht über einige Dutzend Meter sehr stark die Aufmerksamkeit auf sich. Das Geschäft hält sich also ganz an die Gesetzgebung, hat von außen betrachtet aber eine warme Farbe, obwohl das Gebäude aus Werkstein besteht. Zweitens bewegen sich die roten Lichter, da sie in Laufschrift gesetzt sind. Damit ziehen sie verstärkt Aufmerksamkeit auf sich und damit auch auf ihre Botschaften wie beispielweise: »Schlussverkauf«, »neue Kollektion« etc.

Besonders ausgeklügelt ist aber Folgendes: Ähnlich wie Insekten von einer Glühbirne werden Kunden von rotem Licht angezogen; sobald die potenziellen Käufer aber die Treppen erklommen haben, ist von roten LEDs nichts mehr zu sehen und sie befinden sich in einer farblich kalten Umgebung. In dieser entspannten Atmosphäre schlendert unser »fashion victim« langsam umher, nimmt sich Zeit, sieht sich Klamotten für sich selbst, vielleicht aber auch für seinen Partner oder die Kinder an. Und schließlich werden die durchschnittlichen Ausgaben höher sein als in vergleichbaren Geschäften ohne ausgeklügeltes Farbkonzept.

Noch wichtiger als verkaufsfördernde Farben vor und in dem Geschäft sind aber warme Farben im Kassenbereich, die den Kunden zu einem letzten spontanen Schnäppchenkauf verleiten: ein paar Strümpfe, ein Button, Manschettenknöpfe etc.

Warme Farben im Eingangsbereich haben auch noch einen weiteren Vorteil: Das Personal wirkt weniger »kalt«, also freundlicher. Das ist sehr wichtig für die Aufwertung der Kaufhandlung (»Ich werde als Kunde ernst genommen«) und die Kundenbindung. Für die Kasse eignen sich am besten die beiden Farben Rot und Violett.[143]

Ein anderer Ort, an dem warme Farben häufig eingesetzt werden, sind Casinos. Eine Studie untersuchte den Einfluss eines blauen und eines roten Lichts (aus Leuchtröhren) auf die Einsatzhöhe und die eingegangenen Risiken bei einem pokerähnlichen Kartenspiel.[144] In einer roten Umgebung wird zunehmend mehr Geld riskiert als in einer blauen.

Mit Rot kann man Kunden auch in Aufregung versetzen. Fastfood-Restaurants nutzen dieses Prinzip, damit die Besucher nicht zu lange im Restaurant bleiben und stattdessen ihre Plätze anderen überlassen (oder - noch besser - ihr Essen zum Mitnehmen bestellen). In diesem Fall bevorzugen die Restaurants bunte, kräftige Farben und starke Kontraste, welche die Rotation beschleunigen und die Verweilzeit am Tisch verkürzen. Wie durch Zufall sind die Farbcodes bei McDonald's auf der ganzen Welt Rot und Gelb, also durch und durch warme und aktivierende Farben. In Europa hat McDonald's - um das Fast-Food-Image abzulegen und sich als ebenbürtiges Restaurant darzustellen - die Farbe Rot durch Grün ersetzt, das den Eindruck erwecken soll, es handele sich um frische oder zumindest natürliche Produkte.

Eine andere Möglichkeit, die auf den Blutdruck wirkt und uns zu Spontankäufen bewegt, ist die Erhöhung der Farbsättigung bei nahezu fluoreszierenden Farben. Nach und nach findet man diese Farben immer mehr im Handel, sogar in edlen Geschäften. Schauen Sie sich doch einmal die neuen Farben in den Geschäften des Chocolatiers Pierre Hermé an. Die schokoladenfarbenen Wände werden durch wunderschöne Akzente in stark gesättigten Farben in Szene gesetzt. Man möchte einfach ohne nachzudenken alles kaufen.

Außerdem gibt es noch einen wichtigen Parameter, auf den wir später zurückkommen: die Helligkeit. Ein helles Licht begünstigt Spontankäufe.[145] Heutzutage kann man mit LEDs, die in verschiedenen Farben leuchten, ganz leicht Farbumgebungen der Jahreszeit anpassen, also im Innenbereich des Geschäfts kältere Farben anwenden, wenn es draußen warm ist, und während des Schlussverkaufs eine Umgebung mit eher wärmeren Farben erschaffen, um Spontankäufe zu fördern, etc. Man kann sogar unterschiedliche Farbtemperaturen ausprobieren, um den perfekten Ton für die jeweilig angebotenen Produkte und die Kunden herauszufinden.

Zur Differenzierung der gerade getroffenen Aussagen sollte man im Kopf behalten, dass der Einfluss von Farben auch immer von der jeweiligen Persönlichkeit des Betrachters abhängt. Ein extrovertierter Kunde beispielsweise, der einen stärkeren Farbreiz benötigt, bewertet ein scharlachrotes und lärmiges Geschäft als positiv, wohingegen ein introvertierter Kunde dieses Geschäft meidet, weil ihm die ungezwungene Atmosphäre nicht liegt.

Das Gleiche gilt für den Kunden, der unbedingt am 24. Dezember um 18.30 Uhr noch ein Geschenk für seine Frau finden muss. Er wird sich kaum in ein Geschäft mit warmen Farben verirren, weil er nicht auf der Suche nach einem schönen Einkaufserlebnis, sondern nach einem Geschenk ist.

Heutzutage weiß man übrigens grundsätzlich, dass Frauen zwischen 15 und 24 am sensibelsten auf Farben reagieren. Ältere Herren hingegen sind am wenigsten beeinflussbar.[146]

Farben und Online-Handel

Stellen Sie sich vor, Sie wollen im Internet eine gebrauchte Wii verkaufen. Welche Hintergrundfarbe sollten Sie für Ihr Foto wählen? Amerikanische Wissenschaftler haben den Einfluss von Hintergrundfarben (Blau, Rot und neutralem Grau) auf den

Verkauf derselben Konsole untersucht. Ergebnis war, dass das Produkt vor einem blauen Hintergrund als qualitativ hochwertiger oder besser in Schuss erscheint als vor einem roten Hintergrund.[147] Nun gut.

Aber was ist, wenn Sie die Konsole auf eBay verkaufen wollen? Vor einem blauen oder neutralen Hintergrund steigen die Gebote leicht an, wohingegen vor einem roten Hintergrund entschlossene Bieter für den Kauf »brennen« und den Kaufpreis Ihrer Wii in unerwartete Höhen katapultieren.

Wenn Sie das Gerät allerdings online auf Verhandlungsbasis anbieten, ist der rote Hintergrund eher hinderlich: Potenzielle Käufer verhandeln verbissener um den günstigsten Preis. Für diese Verkaufsart eignet sich ein kühlerer Hintergrund besser.

Das Gleiche gilt für einen Verkauf zum Festpreis (Amazon): Vor einem roten Hintergrund möchte der Käufer ein gutes Geschäft machen, den Preis also zumindest um 10 Prozent senken, und der Verkauf kommt nicht zustande.[148]

Alles in allem kann man sagen, dass bei einer Online-Versteigerung der höchste Verkaufspreis für ein Produkt vor einem roten Hintergrund erzielt wird. Bei einem Verkauf auf Verhandlungsbasis oder zu einem festgelegten Preis erzielt man für eben dieses Produkt vor einem roten Hintergrund den niedrigsten Preis. Der Preisunterschied beträgt 20 Prozent!

Stellen Sie sich nun einmal vor, Sie arbeiten bei Google und eines Morgens stehen Sie auf und sagen sich: Wenn Farben wirklich so großen Einfluss auf unser Verhalten haben, können wir dann den Gewinn nicht erhöhen, indem wir die jeweils beste Farbe für unsere kommerziellen Links bestimmen?

Und wenn man bei Google arbeitet, sitzen in den Büros nebenan glücklicherweise immer ganz viele Informatikgenies. Ein kleines Programm später, und schon kann man mit der

Suchmaschine 50 verschiedene Blautöne bei allen Internauten weltweit testen. Genau, Sie, ich und Ihr Schwager testeten ohne unser Wissen im Jahr 2012 auf Zufallsbasis 50 leicht unterschiedliche Blautöne, einer war etwas grauer, der andere etwas dunkler, wieder ein anderer spielte etwas mehr ins Rote etc.

Google maß die Häufigkeit unserer Klicks auf die kommerziellen Links in Verbindung mit den jeweiligen Farben. Anschließend konnte das Unternehmen genau den Blauton bestimmen, der Menschen auf der ganzen Welt am häufigsten zu Klicks verleitete. Bei Google wurden auf einer Konferenz offizielle Resultate bekannt gegeben: Ein unaufdringliches Blau ermöglichte der Suchmaschine eine Gewinnsteigerung um 200 Millionen Dollar im Jahr 2013![149]

Der Urheber dieser Farbstudie hat also mit seiner Idee genau ins Schwarze getroffen.

Ihre Lieblingsfarben tun Ihnen gut

Wie wir bereits gesehen haben, arbeiten Frauen in einer beigen oder grauen Umgebung weniger effektiv, Männer hingegen sind in einer orangen oder violetten Atmosphäre weniger aktiv. Es stellt sich heraus, dass dies mit den jeweiligen Farbvorlieben der Geschlechter zusammenhängt.

Im Allgemeinen kann man sagen, dass die Farbe Blau auf der ganzen Welt eine Lieblingsfarbe ist. Und das ist keine Modeerscheinung. Blau ist eine Farbe, die wir bereits seit dem 18. Jahrhundert sehr schätzen.[150] Mit über 5000 Menschen wurde eine wichtige Studie durchgeführt.[151] Männer zeigten eine deutliche Vorliebe für Blau (45 Prozent), gefolgt von Grün (19,1 Prozent). Frauen mochten Grün (27,9 Prozent) lieber als

Blau (24,9 Prozent). Außerdem bevorzugten sie eher warme Töne (Rosa oder Violett), wohingegen Männer eher unbunte Farben mochten, die Frauen wiederum gar nicht gut gefielen. Zwischen Hetero- und Homosexuellen gab es keinen deutlichen Unterschied.

Aber die Farbe, die nahezu einstimmig abgelehnt wird und von Claude François sogar als die »Ungeliebte« bezeichnet wird, ist Gelb.[152] Schon 1941 in einer Studie über Farbvorlieben schaffte diese Farbe es nur auf einen hinteren Platz.[153] Tatsächlich sind die Eigenschaften, die man mit der Farbe Gelb verbindet, nicht sonderlich positiv. Gelb ist die Farbe der Gehörnten, des erzwungenen Lächelns, des Mantels von Judas ... Die Nazis haben dem Judenstern diese Farbe gegeben. Gelb muss man einfach hassen ...

Hier ein poetisch-wissenschaftliches Argument, das Ihnen die Farbe Gelb schmackhaft machen wird: Zwei Wissenschaftler haben sich damit vergnügt, die Farben von über 200 000 Galaxien miteinander zu kombinieren und daraus die Durchschnittsfarbe zu berechnen; also die Farbe des konzentrierten Universums. Das Ergebnis der Berechnung: ein blasses Elfenbeingelb, das »Cosmic Latte« getauft wurde.[154]

Auch andere Fakten sprechen für diese ungeliebte Farbe: Freiwillige wurden gebeten, ihrer derzeitigen Stimmung eine Farbe zuzuordnen. Glückliche Personen wählten zumeist Gelb. Wenn Sie glücklich sind, sollten Sie von nun an »Ich sehe das Leben durch eine gelbe Brille« sagen, um Ihr Wohlergehen auszudrücken. Rosa wurde leider nicht so häufig gewählt. Deprimierte drücken ihren Gemütszustand mit der Farbe Grau aus. Wenn man Testpersonen – egal ob glücklich oder traurig – nach ihren Lieblingsfarben befragt, wählen viele Blau, aber nicht immer dasselbe Blau. Glückliche Menschen wählen ein helles, deprimierte Zeitgenossen eher ein dunkles Blau.[155]

Alkoholiker bevorzugen deutlich die Farbe Braun, Rosa hingegen gefällt ihnen gar nicht.[156]

Sind unsere Vorlieben für bestimmte Farben angeboren oder erlernt? Diese Frage stellten sich englische Wissenschaftler und boten Kindern blaue und rosafarbene Spielzeuge an, die – von der Farbe abgesehen – identisch waren. Bis zum Alter von zwei Jahren beeinflusste die Farbe die Wahl der Kinder nicht. Ab diesem Alter kristallisiert sich bei den Mädchen eine Vorliebe für die Farbe Rosa heraus. Diese Vorliebe wird in den drei darauf folgenden Lebensjahren stärker und stabilisiert sich dann ab dem fünften Lebensjahr. Nur ein Fünftel aller Mädchen über fünf mag Blau lieber als Rosa, bei den Jungen sind die Zahlen gleich, allerdings mag hier nur die Minderheit Rosa. Die weibliche Vorliebe für die Farbe Rosa scheint – ebenso wie die männliche Liebe zum Blau – also eher anerzogen und nicht angeboren.[157]

Im Allgemeinen lässt sich beobachten, dass Kinder helle und gesättigte Farben mögen, Erwachsene eher etwas dunklere und gedämpfte Farben.[158] Mädchen und Jungen haben im Allgemeinen dieselben Farbvorlieben (von der Farbe Rosa einmal abgesehen, weil die meisten Jungen sie eben eher nicht mögen).

Die Lieblingsfarben von Säuglingen sind Farben, die sie sehen können. Wie wir bereits erfahren haben, kann ein Baby die Farben Violett, Blau und Blau-Grün nicht sehen. Pastellfarben sieht es auch nicht. So bleiben eigentlich bloß Rot und Gelb übrig. Abweichungen werden nur bei großen Sättigungsunterschieden zwischen den Farbtönen festgestellt: Damit man sie von der Farbe Weiß unterscheiden kann, müssen die Farbtöne eine starke Sättigung aufweisen.[159] Von einem praktischen Standpunkt aus wären Neugeborene Ihnen sehr dankbar, wenn Sie ihnen keine Kleidung und Spielzeuge mehr in den typischen Babyfarben anziehen würden.

Auf der ganzen Welt gibt es außerdem eine Konstante: Kinder mögen keine sehr dunklen Farben, besonders bei Verpackungen. Zudem hat man herausgefunden, dass Kinder die am wenigsten geschätzten Farben (Schwarz, Braun, Weiß) mit unangenehmen Dingen verknüpfen.[160] Neutrale Themen werden im Allgemeinen mit Primärfarben assoziiert.

Farbwahl

Denken Sie an Ihre Lieblingsfarbe. Stellen Sie sich vor, es handele sich um Türkis. Sehr gut. Würden Sie deswegen einen türkisen Anzug tragen? Natürlich nicht, selbst wenn Sie diese Farbe gerne mögen. Und zwar nicht, weil Sie sich nicht trauen, sondern einfach weil Ihnen diese Farbe bei Kleidung nicht gefällt. Und ja, das bedeutet, dass Sie Ihre Lieblingsfarbe unter gewissen Umständen hässlich finden. Farbvorlieben sind also sehr subjektiv und ändern sich je nach Kontext. Ihre Lieblingsfarben in gewissen Bereichen haben normalerweise mit Ihren eigentlichen Lieblingsfarben nicht viel zu tun.[161]

Sehr wenige Menschen auf der ganzen Welt bezeichnen Schwarz als ihre Lieblingsfarbe. Dennoch entscheiden viele Menschen sich besonders bei Elektrogeräten wie beispielsweise Computern, Fotoapparaten, Spielkonsolen und mobilen Konsolen für eben diese Farbe. Studien belegen, warum das iPhone 5 hauptsächlich in Schwarz erfolgreich war.[162]

Außerdem besteht ein großer Unterschied zwischen der Bedeutung von Farben bei Einkäufen und dem Alter des Kunden. Bei Verbrauchsartikeln können junge Leute und insbesondere junge Frauen mit dem Kauf ihres nächsten iPod nano warten, wenn die Farbe »Giftgrün« noch nicht lieferbar ist. Je älter man aber wird, desto mehr tritt die Farbe zugunsten der Funktionalität eines Produktes in den Hintergrund.[163]

Andererseits sind junge Leute innovationsfreudig, weil sie originelle Farben auswählen. Auf der ganzen Welt setzen die 15- bis 25-Jährigen Modetrends. Und wenn sich ältere Leute für »gewagte« Farben entscheiden, dann nur, weil sie sich gerne jünger fühlen würden.

Ein sehr gutes Beispiel dafür ist die Markteinführung des Twingo von Renault im Jahre 1993. Renault bemerkte, dass sein Image mit zunehmendem Alter des R5 einstaubte, und entschied sich dafür, ein neues Modell auf den Markt zu bringen. Leitsatz: Wir sprechen damit die Jugend an. Deswegen wählte man einen jugendlich klingenden Namen aus: Twingo. Außerdem entschied man sich für ein neues, innovatives Design. Und dazu gehörten auch neue Farben! Um »jugendlicher zu wirken«, trafen die Marketingexperten von Renault eine sowohl mutige als auch revolutionäre Entscheidung: Der Twingo würde nicht in Schwarz, Grau und Weiß, sondern nur in frischen Farben auf den Markt kommen! Und das, obwohl Weiß, Grau und Schwarz auf dem Automobilmarkt bereits die am häufigsten verkauften Farben waren. Das stimmt zwar, doch die aufwändigen Studien führten zu einem eindeutigen Ergebnis: Junge Leute wollen grelle Farben, ältere Leute hingegen finden diese Farben nicht schön. Nun denn, »wir setzen nur auf grelle Farben, da haben die älteren Semester eben Pech«!

Ergebnis: Die Markteinführung des Twingo war ein voller Erfolg … auch bei Senioren!

Die älteren Leute bemerkten direkt, dass der Twingo ein Auto für die jüngere Generation war. Und viele Ältere kauften einen Twingo, weil sie damit zeigen wollten, dass ihre grauen Schläfen sehr gut mit den modernen Autofarben harmonierten. Damit demonstrierten sie ihrem Umfeld, dass sie offen, innovativ und hip, also immer noch jung, waren.

Als kleine Anekdote sei noch erwähnt, dass Renault einige Jahre später einen schwarzen Wagen herausbrachte, um den Umsatz anzukurbeln. Und wer kaufte dieses Auto? Kurioserweise die jungen Leute, die damit »seriös« wirken wollten.

Man muss sich vor Augen führen, dass die Bedeutung von Farben vor allem vom jeweiligen Produkt abhängt. Je höher der »gesellschaftliche Stellenwert« eines Artikels, wie beispielsweise bei Kleidung oder einem Auto, desto wichtiger ist die Farbe.[164] »Eine falsche Farbwahl« hat somit Auswirkungen auf die Wirklichkeit: Aus diesem Grund bevorzugen viele Menschen neutrale Farben.

Die Bedeutung von Farben bei der Produktwahl kann außerdem von der jeweiligen Kultur oder ethnischen Herkunft abhängen. Ein Beispiel aus den USA: Hispanics bevorzugen eher Konsumgüter in leuchtenden Farben und mittlerer Sättigung. Afroamerikaner ziehen häufig kräftige Farben vor. Weiße Amerikaner mögen im Allgemeinen die Farbe Grün. Amerikanischen Asiaten gefällt Grün nicht so sehr, sie haben eher ein Faible für rosafarbene Produkte ...[165]

Bei einigen wenigen Produkten sind Farbvorlieben besonders ausgeprägt. Afroamerikaner schwören beispielsweise nur bei Brillenfassungen auf die Farbe Schwarz.[166]

Wie Licht Farben beeinflusst

Farben spielen bei unseren Entscheidungen und unserem Verhalten eine wichtige Rolle, aber man darf nicht vergessen: Ohne Licht gibt es keine Farben.

Rufen wir uns ins Gedächtnis: Die Summe aller Farben ergibt zusammengenommen weißes Licht. Licht und Farben sind also untrennbar miteinander verbunden. Deswegen ist es sehr wichtig, sich die Einflüsse des Lichtes, also aller miteinander vereinigten Farben, genau anzuschauen.

Ein jeder weiß, dass man ohne ein gewisses Maß an Sonnenlicht aus dem Gleichgewicht gerät und schlechte Laune bekommt. Selbst in der U-Bahn kann man sagen, was draußen für ein Wetter herrscht, dazu reicht ein Blick in die Gesichter der Mitreisenden. Wenn mehr als zwei Leute grundlos lächeln, scheint draußen sehr wahrscheinlich die Sonne.

Kinder fordern Licht sehr vehement ein. Überall auf der Welt lieben Kinder helles Licht und besonders Tageslicht. Dunkelheit und schwaches Licht machen ihnen Angst.[167]

Bewiesen ist, dass Kinder in der Schule besser arbeiten, wenn die Klassenzimmer ausreichend von Tageslicht erhellt werden.[168] Sie sollten Ihren Kindern also zu einem Fensterplatz in der Schule raten.

Eine neue Studie, bei der sich eine Bestätigung lohnen würde, hat ergeben, dass Morgenlicht sogar einen Einfluss auf Fettleibigkeit haben könnte. Eine halbe Stunde Morgensonne reiche zur Verringerung des Body-Mass-Index aus.[169] Das wäre mal eine Diät, die – sollte diese Studie bestätigt werden – wegen ihrer Einfachheit bestimmt viele Anhänger finden würde.

Sonnenlicht hat laut der Studie auch noch einen anderen Vorteil, es hilft beim Kampf gegen Kurzsichtigkeit. Das ist nicht zu vernachlässigen, weil immer mehr Menschen inzwischen in etwa so gut sehen können wie ein Maulwurf. Auf der ganzen Welt nimmt die Anzahl der Kurzsichtigen ständig zu. In China spricht man mittlerweile von einer Epidemie, weil 80 bis

90 Prozent der Bevölkerung nicht richtig weit sehen können. »Und was wäre, wenn es daran liegt, dass sich die Menschen nicht genug natürlichem Licht aussetzen?«, fragten sich chinesische und australische Wissenschaftler.

In elf Grundschulen in Guangzhou, die man zu Testzwecken ausgewählt hatte, gewährte man den jungen Versuchskaninchen, die sehr froh waren, auf diese Weise der Wissenschaft zu dienen, jeden Morgen 45 Minuten mehr Pause an der frischen Luft. Beeindruckendes Ergebnis: Egal ob Wolken oder Sonnenschein, 45 Minuten mehr Tageslicht täglich vermindern das Risiko einer Kurzsichtigkeit um 25 Prozent.[170]

Kinder sollten folglich draußen spielen, dann hätten sie weniger Gewichtsprobleme, würden besser sehen und wären besser in der Schule.

Umgekehrt gilt aber auch: Dunkelheit kann verhängnisvolle Auswirkungen haben. Wenn man Ratten absoluter Dunkelheit aussetzt, trinken sie lieber Alkohol als Wasser.[171] Vielleicht erklärt das den Alkoholkonsum der Bergarbeiter im oberen Auzonnet-Tal in der Nähe von Alès in Frankreich, *dem* Ort für industrielle Kohlegewinnung. Dort werden jeden Tag pro Person im Schnitt fünf bis sechs Liter Wein getrunken!

Dann haben die Bergarbeiter also eine Entschuldigung. Man entdeckte, dass ein Melatoninmangel schuld an diesem Phänomenen ist. Eine Überproduktion dieses Schlafhormons, und Sie werden zur Schlafmütze. Und ganz zufällig verringert und regelt die Sonne die Melatoninausschüttung …

Die therapeutische Verwendung von natürlichem Licht in der Medizin geht bis zum Ende des 19. Jahrhunderts zurück. Die anregenden Auswirkungen auf das Immunsystem und die Wirksamkeit im Kampf gegen Infektionen führten 1903 zur Herstellung der ersten Lichttherapiegeräte durch den Dänen Niels Ryberg Finsen, der dafür den Nobelpreis für Medizin erhielt. Zwischen den Weltkriegen traf sich ganz Paris in Aix-les-Bains in dem sich drehenden Solarium von Doktor Saidman; dieser unglaubliche Bau folgte der Sonne und stand auf einem prächtigen Turm in 16 Metern Höhe. Unser Doktor hat sein Konzept und sein Solarium sogar nach Indien exportiert, wo sich ein steinreicher Maharadscha aus Jamnager in der 1930er Jahren ein eigenes Solarium bauen ließ. Heutzutage gibt es Lichttherapie für alle, auch diejenigen, die weder indische Maharadschas sind noch über eine Baugenehmigung für einen 16 Meter hohen Turm im Garten verfügen. Dieses Sonnenbad ist zwar künstlich, aber trotzdem fast ebenso wirksam.[172]

Achtung, das Ganze hat nichts mit Sonnenbänken und den dortigen UV-Strahlen zu tun, welche die obersten Hautschichten schädigen. Das verwendete Licht wird im sichtbaren Spektrum gebündelt.

Die empfohlene Dosis liegt bei 10 000 Lux über einen Zeitraum von 20 bis 30 Minuten am Morgen bei einer Farbtemperatur von 4000 K und einer angemessenen Entfernung von 40 bis 60 Zentimetern. Normalerweise wird eine Quecksilberlampe verwendet, aber es gibt auch andere Technologien. Allerdings haben einige Experten bei der neuen Technologie namens LED (Leuchtdioden) Bedenken, dass die kürzeren Wellenlängen in bläulicher Farbe potenziell schädlich für die Netzhaut sein könnten (bis zum heutigen Tag haben lediglich Studien bei Tieren solche Auswirkungen gezeigt).

Die Lichttherapie hat einige Zeit gebraucht, bis sie von der Schulmedizin akzeptiert wurde. Erst 2005 wurde sie in den USA offiziell als wirksame Behandlung gegen saisonale Depression und bestimmte Schlafstörungen anerkannt. Die morgendliche Stimulierung der retinalen Ganglienzellen erlaubt tagsüber eine Blockierung der Verstoffwechselung von Serotonin zu Melatonin. Zudem findet eine »Umprogrammierung« der inneren Uhr statt, die für eine normale Ausschüttung von Melatonin in der Nacht sorgt, die wiederum Schlafphasen zu Folge hat. Daraus resultieren eine bessere körperliche Verfassung, eine antidepressive Wirkung und Appetitminderung.[173]

Die morgendliche Lichttherapie erzielt sogar gute Ergebnisse im Bereich Essstörungen wie beispielsweise Bulimie und Anorexie. Eine Studie schlägt therapeutische Hilfe in Form von Lichttherapie für magersuchtgefährdete Jugendliche vor.[174]

Außerdem hat sich herausgestellt, dass Lichttherapie auch bei schweren Alkoholikern sehr hilfreich sein kann.

Heutzutage ist die Begeisterung für diese Art der Therapie stark gewachsen. 20 Prozent aller saisonalen Depressionen in Finnland werden während der Winterzeit mit Lichttherapie behandelt. In Deutschland und der Schweiz zahlt die Krankenkasse sogar für diese Lampen!

Die Wissenschaft erreicht immer tiefere Einblicke in die Melatoninregulierung. Man weiß inzwischen, dass die Farben Blau und Grün die Melatoninausschüttung blockieren, die Farbe Rot aber nicht.[175] Wissenschaftler erklären dieses Phänomen mit der größeren Sensibilität der »grünen« Zapfen für mittlere Wellenlängen. Außerdem wurde auf der Netzhaut eine dritte Art von nicht visuellen Fotorezeptoren entdeckt, die »intrinsisch fotosensitive Ganglienzelle«,[176] die sehr empfindlich für eine Wellenlänge von 484 Nanometer ist, was einem türkisen Blau entspricht (wie ein klarer Himmel am helllichten Tag). Schlussfolgerung: Türkis bei Tageslicht ist gut für die Melatoninregulierung!

Für Nachtarbeiter wird Lichttherapie von immer mehr Arbeitsmedizinern empfohlen. Die erste Sitzung sollte am Anfang der Schicht stattfinden, dann noch einmal nach der Hälfte der Arbeitszeit, wo sich der berühmte »tote Punkt« bemerkbar macht. Einige Mediziner hatten die gute Idee, das Zimmer, in dem die Kaffeemaschine der Nachtschichtarbeiter steht, mit einem Gerät für die Lichttherapie auszustatten.

Für Geschäftsleute, die viel unterwegs sind, oder Piloten auf Langstreckenflügen empfehlen unsere lieben Arbeitsmediziner zunehmend eine andere »revolutionäre« Lampe: einen Lichtwecker, der ein sanftes Aufwachen ermöglicht. Eine zunehmende Helligkeit simuliert einen Sonnenaufgang. Da fehlt nur noch der Hahnenschrei anstelle des Alarms.

In großen internationalen Hotelketten sind diese Lampen heutzutage das »must have« – wie die »happy few« gerne sagen –, um »trendy« zu wirken. Bei Kindern ist man auf diesem Gebiet noch nicht so weit, mehrere Studien zeigen aber, dass eine Stunde mit dem Lichtwecker bei der Behandlung von Depressionen oder Hyperaktivität wirksamer ist als ein Placebo.[177]

Kurzum: Es ist gut, seinen Melatoninspiegel zu kontrollieren.

Man weiß, dass blaues Licht die Ganglienzellen der Netzhaut stimuliert. Diese Zellen sind mit zerebralen Bereichen verbunden, welche die Melatoninproduktion blockieren. Ein Team aus französischen und schwedischen Wissenschaftlern hat nach einer praktischen Anwendungsmöglichkeit gesucht, ein blaues Licht auf das Armaturenbrett von Autofahrern gestellt und dabei die Fahrweise der Testpersonen in der Nacht untersucht. Gegen Schläfrigkeit erwies sich das kleine Licht als ebenso wirksam wie zwei Tassen Kaffee. Diese wissenschaftlichen Daten sind wichtig, weil ein Drittel aller tödlichen Unfälle auf Autobahnen auf Sekundenschlaf zurückzuführen ist. Sollte man daher die Autobahnen in Frankreich lieber in Blau beleuchten? Die Stadt Lyon hat entschieden, die Stadtautobahn mit blauen Neonlichtern auszustatten. Eine grandiose Idee, die außerdem das Stadtbild verschönert. Man kann der öffentlichen Hand und den Gemeinden solche Ideen gar nicht oft genug ans Herz legen.

Im Rahmen von geschäftsfördernden Anwendungen beim Verkauf kann man sich auch mit dem Melatonin seiner Kunden auseinandersetzen. Ein gutgelaunter Kunde kauft nämlich lieber und mehr als ein miesepetriger Zeitgenosse.

Daher wählt man in den Geschäften oder Fußgängerzonen im Winter am besten ein stärkeres Licht aus als im Sommer, um schläfrige Kunden aufzuwecken, damit sie zumindest zu schnellen Entscheidungen oder Spontankäufen fähig sind.[178] Ein Geschäft wie beispielsweise Zara, das sich in Sachen Verkauf nichts mehr vormachen lassen muss, hält die Anzahl seiner Lux genauso sorgfältig geheim wie Coca-Cola das Produktrezept. Ich persönlich empfehle Geschäften, im Winter die Beleuchtungsstärke von 600 auf 1000 Lux anzuheben. Die Personalchefs und Arbeitsmediziner jeglicher Couleur sind ebenfalls an einer höheren Beleuchtungsstärke interessiert,[179] beispielsweise für Nachtarbeiter,[180] für ortsgebundene Verkäufer in Geschäften mit gedämpftem oder schwachem Licht oder auch für transkontinentale Verkaufsteams.[181]

Es lebe helles Licht im Winter!

In der Industrie erlaubt eine Mindestbeleuchtung von 500 bis 1000 Lux genaues und präzises Arbeiten. Laut niederländischen Forschern trägt die Lichtintensität zu einer gesteigerten Produktivität bei. Und zwar ganz erheblich: In einem industriellen Umfeld erhöht sich die Produktivität um 20 Prozent, wenn man die Beleuchtung von 300 auf 2000 Lux erhöht.[182]

Hier einige Anhaltspunkte für Sie. Mondlicht: 0,5 bis 1,5 Lux, eine Wohnung, die nachts »normal« beleuchtet ist: 100 Lux; eine Sporthalle: 500 Lux; im Schatten draußen (natürliche Beleuchtung): 12 000 Lux; natürliche Beleuchtung unter Wolken: 27 000 Lux; Sonnenlicht: 75 000 Lux (50 000 bis 100 000). Um herauszufinden, welches Licht für Ihr Geschäft notwendig ist, sollten Sie wissen, dass ein Lux der Beleuchtung einer Oberfläche entspricht, auf die ein Lichtstrom mit der Intensität von einem Lumen pro Quadratmeter fällt, und dass 1 Watt bei einer klassischen Glühbirne 680 Lumen entspricht.

Die Lichtintensität und die Farbtemperatur sind wichtig, man muss sich aber auch mit einem Phänomen auseinandersetzen, das in der Öffentlichkeit zwar noch wenig bekannt, aber dennoch äußerst wichtig ist: Die Rede ist vom Farbwiedergabeindex. Man nimmt 8 Normfarbwerte und misst die Farbwiedergabe der Lichtquelle. Die einst gelben Scheinwerfer von französischen Autos beispielsweise wurden durch weiße ersetzt, um den Farbwiedergabeindex zu erhöhen.

Dieser Index reicht von null bis zehn. Zehn steht für Tageslicht. Ein Farbwiedergabeindex von fünf bedeutet ganz einfach gesagt, dass die Lichtquelle die Hälfte aller Farben nicht korrekt abbilden kann.

Abgesehen von der Farbwiedergabe ist der Index für die Wahl einer gemütlichen Beleuchtung sehr wichtig. Neonröhren oder die ersten Energiesparbirnen beispielsweise verfügen über einen Farbwiedergabeindex von fünf oder sechs. Sie geben ein fahles Licht ab und verbreiten ein vage unbehagliches Gefühl.

Wie kann man bei der Wahl seiner Lichtquellen einen Missgriff bei den Photonen vermeiden? Indem man bloß noch Lichtquellen mit einem Index von acht oder höher in den Einkaufswagen legt. In Baumärkten kann man diese Produkte ganz einfach erkennen: Wenn der Farbwiedergabeindex nicht gut ist, »vergessen« die Hersteller der Glühbirne oder der Neonröhre die Angabe auf der Verpackung. Also, kaufen Sie nur noch Birnen mit einem Index von acht oder neun. (Manchmal finden Sie dennoch den Farbwiedergabeindex auf der Packung. 20W/840 bedeutet beispielsweise: Leistung 20 Watt, Farbwiedergabeindex 8 und Farbtemperatur 4000 K.)

Die Wahrnehmung von Lichtqualität (Leistung, Temperatur und Farbwiedergabeindex) ist stark kulturell geprägt. Im Westen bevorzugt man eher das gelbe Licht herkömmlicher Glühbirnen, deren Licht an ein Kaminfeuer erinnert.

In Afrika oder Asien schockiert grünliches Licht mit einem Farbwiedergabeindex von sechs niemanden. Als abgelegene afrikanische Dörfer Elektrizität bekamen, waren Neonröhren die ersten (und oft auch die einzigen) Lichtquellen. Die Dorfbewohner waren so froh über den Strom, dass sie - kulturell bedingt - dieses grünliche Licht mit Fortschritt in Verbindung brachten und es aus diesem Grund wunderbar fanden.

Aus viel weniger erklärlichen Gründen dulden Japaner ebenfalls fahles Neonlicht. Ich bin häufig in Tokio. Egal ob in Büros oder sogar in den Wohnungen, wo ich eingeladen war, entdeckte ich zumeist Deckenbeleuchtung bestehend aus Neonlampen. Glücklicherweise durfte ich sehr namenhafte japanische Restaurants besuchen. Meine Geschmacksknospen erinnern sich noch daran. Meine Augen aber auch: Das grünliche Licht rief mir meinen Waschsalon von vor zehn Jahren vor Augen. Bei allem Respekt vor meinen japanischen Freunden, die mir lieb und teuer sind, bei den einzigen Orten, die nach meinem westlichen Geschmack gelungen beleuchtet waren, handelte es sich um große internationale Hotelketten. Das muss sich ändern. Die Studie einer japanischen Universität[183] über den Einfluss von Licht und Farben in Restaurants zeigt, dass gedämpftes Licht für eine gemütliche Atmosphäre unabdingbar ist. Jacques II de Chabannes, der Herr des Schlosses »La Palice«, das für seinen Goldenen Salon bekannt ist, hatte vielleicht japanisches Blut.

In Luxusbereich wird sehr viel Wert auf Lichtqualität gelegt. In edlen Hotels oder Boutiquen ist die Beleuchtung so gelungen, weil richtige Profis als Berater fungierten und überall Lichtquellen mit einem Farbwiedergabeindex von neun empfahlen. Diese Birnen sind meist teurer als gängige Modelle, sie erzeugen aber eine einmalige Atmosphäre. Zudem werden Farben auf diese Weise viel besser wiedergegeben.

Auch im Handel findet man raffinierte Beleuchtungen. Je nach gewünschter Wirkung für einen bestimmten Ort im Geschäft wird wärmeres oder kälteres Licht eingesetzt. In einem Textilgeschäft verwendet man für das Schaufenster eine recht kühle Farbtemperatur (4200 K). Im Inneren wärmt man sich ein bisschen - aber nicht sehr stark - auf (mit 3000 K Filter TL 84 oder F11). In den Umkleidekabinen sind die Lichter für gewöhnlich etwas wärmer, damit Sie im Spiegel gut aussehen.

Diese Farbtemperaturen (der Farbwiedergabeindex liegt im Allgemeinen bei 8) nutzen große Geschäfte wie beispielsweise Decathlon und sind damit ganz gewiss effizient.

In Lebensmittelgeschäften spielt Licht ebenfalls eine wichtige Rolle. Schauen Sie sich doch einmal die Lampen über dem Fleisch an. Metzger wissen schon lange, dass Fleisch unter rotem Licht roter aussieht, dass Salate sich unter grünem Licht von ihrer besten Seite zeigen, Fisch hingegen bei kaltem Licht (6000 K bis 6500 K) am frischsten wirkt. Sollte der Fleischer seine Metzgerei nun aber mit dem kalten Licht für Fische ausstatten, würde gleichzeitig das Fleisch ganz blass und farblos wirken, sogar grünlich erscheinen. Und bei grünlichem Fleisch ergriffen seine Kunden die Flucht, was den Umsatz ins Bodenlose fallen ließe.

In Klassenzimmern wird eine kräftige Beleuchtung mit recht kaltem Licht, das dem Sonnenlicht stark ähnelt, empfohlen. Am besten ist eine indirekte Beleuchtung, die niemanden blendet. Die Qualität der Beleuchtung ist zweifelsohne sehr bedeutsam. Licht erhöht die Leistung und die Konzentration der Schüler. Eine gute Beleuchtung lässt Schüler sogar weniger schwänzen.[184]

Das Gleiche gilt für Erwachsene, bei denen Licht einen messbaren Einfluss auf das intellektuelle Leistungsvermögen hat, besonders bei Frauen, die für den Einfluss der Beleuchtung viel sensibler sind als Männer.[185] Eine unzureichende oder ungeeignete Beleuchtung erzeugt Müdigkeit, die wiederum zu Migräne führen kann und unser intellektuelles Leistungsvermögen vermindert. Bei der Innenbeleuchtung sollte man – sosehr es eben geht – dem Sonnenzyklus folgen. Das mag zwar komisch klingen, ich rate Ihnen dennoch, tagsüber sämtliche Lampen ein- und sie abends auszuschalten (oder sie wenigstens zu dimmen). Dieser Ratschlag gilt besonders für Wohnungen, die nach Norden zeigen oder in die aus anderen Gründen kein direktes Sonnenlicht fällt.

Morgens sollten Sie sich unter die Dusche stellen ... unter eine Dusche aus starkem und kaltem Licht, das Ihrem Organismus die Aufstehzeit anzeigt. Künstliches Licht ist im Vergleich mit Sonnenlicht tagsüber niemals zu stark. Abends hingegen sollten Sie eher sanftes und warmes Licht einschalten, das Nächte am Kaminfeuer symbolisiert und Ihnen unbewusst ein Gefühl von Geborgenheit vermittelt. Nordische Länder, die im Winter viel zu wenig Licht abbekommen, haben dieses System sehr gut verinnerlicht. Häufig verwenden die Bewohner tagsüber eine sehr starke Beleuchtung und sind dazu sehr farbenfroh eingerichtet. Abends zünden die Menschen im Norden dann so früh wie möglich viele Kerzen an, und die Farben in den Wohnungen erstrahlen in einem sehr warmen und entsättigten Licht.

Diese Veränderungen beim Licht und den Farben erlauben unserem Organismus, den natürlichen Rhythmus der Sonne einzuhalten und somit die tägliche Melatoninausschüttung zu regulieren. Wir stammen vom Affen ab. Aber wenn man noch ein wenig weiter zurückgeht – wie Pascal sich vielleicht ausgedrückt hätte –, stammen wir von Grünpflanzen ab: Tagsüber brauchen wir viel Licht und eine farbenfrohe und abwechslungsreiche Umgebung. Der einzige wahre Unterschied zwischen Menschen und Pflanzen liegt darin, dass wir Melatonin und kein Chlorophyll ausschütten!

Farbtherapie

Die medizinische Fachwelt ist sich heutzutage über die ihrer Meinung nach überschaubaren Auswirkungen von Licht auf unsere Gesundheit einig. Meinetwegen. Eben diese Fachwelt glaubt allerdings geschlossen an den Nutzen von bestimmten Wellenlängen. Krebs lässt sich erfolgreich mit Röntgenstrahlen behandeln. Andererseits haben UV-Strahlen eine bestimmte Auswirkung auf die Haut, weil sie Melanome hervorrufen können. In der Lebensmittelindustrie sind UV-Sterilisatoren die Norm. Wenn man Lebensmittel nur wenige Sekunden lang UVC-Strahlen aussetzt, werden 99,999 Prozent aller biologischen Kontaminationen der Oberfläche keimfrei gemacht.[186]

Ich erinnere Sie daran, dass Röntgenstrahlen, genauso wie UV-Strahlen, ebenso aus Wellenlängen bestehen wie Farben, nur dass wir sie nicht sehen können. Dennoch zweifelt niemand die Wirkung von Röntgenstrahlen oder UV-Strahlen an, beim sichtbaren Licht hingegen hört man von vielen Medizinern kritische Stimmen ...

Gibt es denn therapeutische Maßnahmen mit Wellenlängen aus dem sichtbaren Farbspektrum?

Willkommen in der Welt der »Farbtherapie« und der »Chromotherapie«. Disziplinen, die eher bei Druiden, Schamanen und Inkapriestern verortet werden ...

In der chinesischen Medizin gibt es warme und kalte Farben. Warme Farben, die zum Yang gehören, sind männliche Farben: von Scharlachrot bis zur Farbe Grün. Kalte Farben gehören zum Yin und sind also weibliche Farben: von Grün bis hin zu Violett.

Bei der ayurvedischen Medizin in Indien wird jedem Chakra eine eigene Farbe zugeordnet.

Violett gehört zum Kronenchakra und wird bei leichten psychischen und nervlichen Störungen eingesetzt. Blau gehört zum Halschakra, kann bei Schlafstörungen, Migräne, Stress oder Asthma helfen und außerdem verbale Fähigkeiten verbessern. Grün gehört zum Herzchakra und hat einen großen Einfluss auf das Gleichgewicht des Organismus. Gelb ist die Farbe des Solarplexuschakras, regt die geistigen Fähigkeiten an, hilft bei Stress, aber auch bei Arthritis, Rheumatismus, Problemen im Verdauungstrakt oder bei Lungenproblemen. Orange ist die Farbe des Wurzelchakras und fördert Vitalität, Energie und Willenskraft. Rot ist die Farbe des Sakralchakras und hilft bei Depressionen, Lungenproblemen und niedrigem Blutdruck. Indigoblau, das mit dem Stirnchakra verbunden ist, wirkt blutreinigend und hat einen Einfluss auf die Seh- und Hörfähigkeiten sowie auf den Geruchssinn ...

Im Okzident hat Ende des 19. Jahrhunderts der Däne Ryberg Finsen ein Farbinstitut zur Behandlung einer Form von Tuberkulose gegründet. Dieser Ansatz, bei dem sich Finsen auf Farben stützte, brachte ihm 1903 einen Nobelpreis ein. Aber Doktor Dinshah Ghadiali verdanken wir die Grundlagen der modernen Farbtherapie.[187] Für ihn verhält sich der menschliche Organismus wie ein lebendiges Prisma, das Licht in seine Einzelkomponenten zerlegt und daraus grundlegende Energien für sein Gleichgewicht schöpft.

Heutzutage verwendet man in Frankreich Farben für sehr spezielle Dinge. In Entbindungsstationen werden die Neugeborenen beispielsweise bei Gelbsucht im Brutkasten mit blauem Licht bestrahlt, um ein Übermaß an Bilirubin zu vermeiden.

In der Dermatologie gehen Schwangerschaftsstreifen und Narben um 50 bis 80 Prozent zurück, wenn man sie stark rotorangem Licht aussetzt.[188]

Der Anästhesist für Neurochirurgie S. Komaretz weckt in seinem Krankenhaus in St. Petersburg seine Patienten mit Chromotherapie aus der Narkose.

Dr. Pierre-Alan Grounauer, Augenarzt aus Lausanne, hat nachgewiesen, dass die Netzhaut in der Nacht »aktiv« bleibt, selbst bei geschlossenen Augen, und dass ein rotes Licht (das bei geschlossenen Augen rosa erscheint) beim Kampf gegen Schlaflosigkeit helfen kann. Dieses Licht zieht nämlich die gesamte Aufmerksamkeit der Schlaflosen auf sich, so dass sie nicht mehr zwanghaft an das Einschlafen denken.

Insgesamt muss man sich im Westen jedoch eingestehen, dass die Chromotherapie noch sehr zögerlich verwendet wird und in den Augen der Schulmediziner immer noch eine esoterische Praktik darstellt.

Das ändert sich jedoch langsam.

Eine russische Studie, die allerdings noch mit wissenschaftlich überholten Konstitutionstypen wie dem Astheniker arbeitet, zeigt, dass weißes Licht spektakuläre Auswirkungen auf depressive Patienten hat.[189]

In Frankreich verwenden einige praktizierende Ärzte Farben als Heilmittel, wie beispielsweise Jean-Michel Weiss, Christian Agrapart, Pierre Van Obberghen oder Dominique Bourdin, um nur einige Mediziner zu nennen, die dazu etwas veröffentlicht haben. Der Arzt Dominique Bourdin sagte mir mit Bedauern, dass über seine Praktiken und die seiner Kollegen noch nie eine großangelegte Studie durchgeführt wurde, um »wissenschaftlich« die Auswirkungen von Farben auf die Gesundheit zu bestätigen. Man muss den Effekten also einfach Glauben schenken ...

Ich lade Sie dazu ein, die Theorien dieser Mediziner zumindest einmal kennenzulernen und zu entdecken, wie sie mit Farben arbeiten, jeder auf seine ganz eigene Weise. Ich bin überzeugt davon, dass sie mit ihrer Arbeit Ergebnisse erzielen, und seien diese nur Placebos zu verdanken, und dass die Medizin viel von den Praktiken dieser Ärzte lernen könnte.[190]

KAPITEL 3

DIE RICHTIGE FARBWAHL

Farbsymbolik

Zu Beginn des dritten Jahrtausends verboten iranische Mullahs den Frauen unter Androhung von Schlägen das Tragen von Lippenstift und roten Schuhen. Das Verbot wurde damit begründet, dass Prostituierte in der Antike rote Kleidung getragen hatten.

Kurioserweise schmückten sich Bräute im Okzident früher zumeist mit roter Bekleidung, bis – in der Mitte des 19. Jahrhunderts – diese Farbe vom Weiß, dem Symbol für Jungfräulichkeit, abgelöst wurde.

Grün hingegen ist im Okzident ein starkes Symbol für ökologische Parteien; im Rest der Welt steht die Farbe für den Islam.

In China tragen Trauernde Weiß, im Okzident Schwarz. Aber wissen Sie auch, wofür Braun in Äthiopien, Gelb in Ägypten, Blau im Iran, Violett in Venezuela und in der Türkei stehen?

Um es kurz zu machen: Die Symbolik der Farben ändert sich im Laufe der Epochen und je nach Kultur. Heutzutage gilt es als erwiesen, dass der Einfluss einer Farbe durch die Wirkung der elektromagnetischen Wellen, die sie übertragen, sowohl physiologisch, aufgrund der kulturellen Besonderheiten aber auch psychisch ist.

Aber warum ändern sich symbolische Bedeutungen von Farben in unterschiedlichen Kulturkreisen oder Zeiträumen? Und woher stammen die Unterschiede?

Zumeist basieren die zugewiesenen Farbeigenschaften auf historischen Zufällen. Nehmen wir beispielsweise die Farben von Sportwagen in unterschiedlichen Ländern. Diese Farben haben ihren Ursprung beim Gordon-Bennett-Cup, der nach dem Herausgeber des *New York Herald* benannt wurde und zwischen 1900 und 1905 stattfand. Die Strecke der ersten Rennen führte von Paris nach Lyon. Den Nationalmannschaften wurden Farben zugeordnet, damit man sie auseinanderhalten konnte: Frankreich bekam die Farbe Blau, England Grün (British Racing Green zu Ehren Irlands), Belgien bekam die Farbe Gelb, Italien Rot und Deutschland Weiß. In den 1930er Jahren wurde das »deutsche Weiß« grau, weil eine neue Wettkampfordnung in Kraft trat: Die Autos mussten ein Höchstgewicht beachten. Es zeigte sich, dass der W25 von Mercedes ein einziges Kilo zu schwer war. Daran sollte es aber nicht scheitern; die Mechaniker schliffen die weiße Farbe von den Autos ab, sodass am Ende bloß noch das nackte Blech übrig blieb. Das polierte Aluminium führte zu dem Begriff »silberner Blitz«.

Farbsymbolik hat die verschiedensten Ursachen. Ein Beispiel: Grün, das »im Theater Unglück bringt«. Der Ursprung für diesen Glauben hat zahlreiche Erklärungen. Im 18. Jahrhundert starben Schauspieler auf der Bühne, weil sie grüne Kostüme direkt auf der Haut trugen, die mit giftigem Kupferoxid gefärbt waren. Hier eine weitere Erklärung: Ende des 19. Jahrhunderts verwüstete ein dramatischer Zwischenfall ein Theater, dessen Ensemble und die Zuschauer während einer Aufführung. Der Hauptdarsteller trug leider ein grünes Kostüm. Man kann auch auf Molière verweisen, der an seinem Todestag grüne Kleidung am Leib hatte. Außerdem gibt es noch Judas den Verräter, der häufig in Gelb abgebildet wird, in den Passionen des Mittelalters aber stets Grün trug.

Diese mehr oder minder fundierten Anekdoten verdichteten und nährten sich so lange, bis das Schicksal der Farbe Grün im Theater und beim Film besiegelt war. (Man kann von Glück sagen, dass Audrey Tautou von diesem verdammten Fluch verschont wurde, obwohl der Film *Die fabelhafte Welt der Amélie* mit einem grünen Plakat beworben wurde ...)

Dieser Aberglaube ist bei den Künstlern sehr tief verankert. Wenn heutzutage ein Schauspieler auf der Bühne Grün tragen muss, ändert sich nicht allein seine Spielweise, auch die Haltung seiner Kollegen und einiger Zuschauer wird anders.

Die Symbolik einer Farbe beeinflusst unser Verhalten. Die Tatsache, dass diese Symbolik nicht eindeutig ist, erschwert es, Farben auszusuchen, die überall auf der Welt eingesetzt werden können. Bei der Wahl müssen die jeweiligen Farbbedeutungen auf jedem Kontinent berücksichtigt werden. Im Anhang finden Sie eine kurze, nicht alphabetisch geordnete Aufzählung zu Farben und deren Symbolik in verschiedenen Ländern oder Teilen der Welt.

Sie müssen diese Liste nicht auswendig lernen, zumal ihre Bedeutung meiner Meinung nach relativ ist. Die ganze Sache wird nicht unbedingt dadurch vereinfacht, dass Farbsymbolik äußerst vorsichtig gedeutet werden muss, weil sich die Symbole schon innerhalb einer Kultur vollständig ändern können, je nachdem, wer diese Farbe für sich in Anspruch nimmt.

Kommen wir noch einmal zu dem Beispiel mit dem Auto und

dessen Farbsymbolik zurück. Ein rotes Auto ist ein Symbol für sportliches Fahrvergnügen mit feurig-italienischem Charme, Angeberei und protzigen Luxus. Meinetwegen. Wenn man auf derselben Straße aber eine rote Fahne schwenkt, wird das ganz sicher nicht als Zeichen für Liebe zum Luxus verstanden. Will man daraus eine Schlussfolgerung ziehen, bedeutete das dann, dass eine Spazierfahrt mit einem roten Fahrrad eine starke Zuneigung zum Luxus symbolisiert oder aber dass man revolutionäre Tendenzen hat? Ich persönlich kann diese Frage nicht beantworten und misstraue der Farbsymbolik voll und ganz. Angesehene amerikanische Wissenschaftler behaupten stets, dass Blau und Rot entweder für Trauer oder Freude stehen und dass diese Farben unser Verhalten in diese Richtung beeinflussen.[191] Wenn die Farbe Rot vorhanden ist, fühlt man sich glücklicher. Nehmen wir zur Kenntnis.

Eins ist ganz sicher: Die Symbolik kann je nach Kultur stärker oder schwächer ausgeprägt sein. Schauen wir einmal auf die Farben von Bekleidung: Im Westen trägt man nahezu sämtliche Farben, ohne dass – soweit ich weiß – bei Frauen eine besondere Symbolik dahintersteht. Bei Männern bieten Kleidungsfarben mehr Spielraum für Interpretationen: Rosafarbene Garderobe ist nicht gerade eine Zeichen für überbordende Männlichkeit, ein Mann ganz in Weiß erinnert an Goldkettchen und Abende mit Howard Carpendale ... Aber im Allgemeinen ist Farbsymbolik in der Bekleidungsindustrie nicht sonderlich wichtig.

In Indien allerdings hat seit Jahrhunderten jede Farbe eine Bedeutung: Weiß ist die heilige Farbe der Brahmanen, Rot die Farbe der Krieger und Fürsten (Kshatriya), Safrangelb (oder Braun) tragen Kaufleute oder Bauern (Vaishyas), und Schwarz ist für die Tagelöhner (Shudras) vorgesehen. Marineblau ist in

Indien eine »Unfarbe«, weil sie mit den Kastenlosen, den Unberührbaren, assoziiert wird, der untersten gesellschaftlichen Schicht.

Auch in China sind Bekleidungsfarben sehr symbolisch, weil im traditionellen chinesischen Theater, das bis heute selbst auf dem Land eine wichtige Rolle spielt, jede Farbe eine Personengruppe symbolisiert: Gelb steht für den Kaiser, Rot für Würdenträger oder Militärs, Violett und Blau für Beamte, Schwarz ist die Farbe für Personen von niedrigem Rang, und – wie wir weiter oben bereits gesehen haben – der Gehörnte trägt Grün.

Interessant ist, dass im November 2012 sechs der sieben ständigen Mitglieder bei der Vorstellung des neuen Komitees der Kommunistischen Partei Chinas unter der Leitung von Xi Jinping eine rote Krawatte trugen. Damit zeigten sie zugleich ihren Status als wichtige Persönlichkeiten der chinesischen Gesellschaft und ihre Treue zu den Werten der Oktoberrevolution. Der einzige Mann mit einer blauen Krawatte wird von Beobachtern als größter Reformator beschrieben. Ein schönes Beispiel, das uns – bewusst oder unbewusst – die Farbsymbolik näherbringt.

Ich persönlich glaube stärker an den Einfluss der persönlichen Farbsymbolik als an den der allgemeinen. Die Farbe der Fensterläden an Ihrem Elternhaus ruft etwas in Ihnen hervor. Diese Farbe hat also eine Wirkung auf Sie, selbst wenn Sie sich dessen nicht bewusst sind. Sollten Sie allerdings nicht sonderlich bibelfest sein, bezweifele ich, dass der Zusammenhang zwischen der Farbe Violett und dem Advent für Sie viel Sinn ergibt.

Zwei große Untersuchungen zu Lieblingsfarben wurden mit vier Jahren Abstand 1956 und 1960 in Israel durchgeführt. In der ersten großangelegten Befragung erklärten 86 Prozent der Befragten, die Farbe Gelb nicht zu mögen, sicherlich nicht zuletzt wegen des gelben Judensterns. 1960 hingegen gaben 41 Prozent an, diese Farbe zu lieben, weil sie die Wiedergeburt der Wüste symbolisiere.[192]

Zum Abschluss gebe ich Ihnen folgenden Tipp: Wenn Sie wissen möchten, welche kulturellen Einflüsse eine Farbe auf Sie persönlich hat, schließen Sie einfach die Augen, stellen sich diese Farbe vor und zählen Dinge oder Eigenschaften auf, die Ihnen einfallen.

Feng Shui und Farbeinflüsse

Wenn man vom Einfluss der Umgebungsfarben spricht, kann man die Feng-Shui-Meister nicht einfach auslassen. Feng Shui, das auf Chinesisch »Wind und Wasser« heißt, beschäftigt sich mit der Raumaufteilung eines Hauses, mit dem Ziel, Wohlstand, Gesundheit und Fülle hineinzubringen. Diese daoistische Methode stützt sich nicht auf wissenschaftliche Quellen, sondern lediglich auf Erfahrungen. Und an Erfahrungen mangelt es Feng Shui nicht, weil es bereits 4000 Jahre vor Christus angewandt wurde.

Im Folgenden werden die Grundsätze des Feng Shui kurz umrissen: Alle Dinge verfügen über eine vitale Energie (das Qi). Es ist wichtig, diese Energie bei den fünf Elementen Holz, Feuer, Metall, Wasser und Erde im Gleichgewicht zu halten. Berücksichtigt man zudem das Zusammenwirken von Yin und Yang, erhält man architektonische Ratschläge und Tipps zur Inneneinrichtung, die insbesondere sehr genaue Anweisungen zur Beleuchtung und Farbauswahl enthalten.

Warum sollte man diesen Theorien Glauben schenken, obwohl sie nicht »wissenschaftlich« anerkannt sind? Zunächst einmal, weil ganz Asien von der Wirksamkeit ausgeht und sich Feng Shui auch im Okzident immer größerer Beliebtheit erfreut. In China, aber auch in Japan und im Westen verkaufen sich Bücher über Feng Shui sehr gut.

Hauptsächlich sollten wir uns aber mit Feng Shui beschäftigen, weil sich die Ergebnisse der modernen wissenschaftlichen Untersuchungen zum Farbeinfluss mit den Theorien des Feng Shui decken, zumindest in den für uns interessanten Bereichen Farben und Licht. Ich habe keinen einzigen Widerspruch gefunden. Das ist wirklich erstaunlich …

Das erste gemeinsame Grundprinzip von Wissenschaft und Feng Shui: Wir müssen bei der Beleuchtung den Sonnenrhythmus berücksichtigen – tagsüber sollten wir folglich sehr helles und kaltes Licht verwenden, abends eher gedämpftes und warmes Licht (für Schichtarbeiter gilt das nicht).

Zweites Grundprinzip: Unser Organismus verlangt nach allen Farben. Eine Wohnung beispielsweise, die nur in »Orange und Weiß« gehalten ist, weil Sie Orange eben gerne mögen, zeigt sehr bald ein fehlendes Gleichgewicht. Gut ist eine Balance zwischen kalten und warmen Farbtönen unter Berücksichtigung der jeweiligen Zimmer. Im Idealfall setzt man in jedem Zimmer einen Farbakzent mit Komplementärfarben.

Drittes Grundprinzip von Feng-Shui-Meistern und Universitätsgelehrten: Nur Sie selbst können herausfinden, welche Farben gut für Sie sind. Wenn Ihnen eine Farbe zusagt, dann ist sie auch gut für Sie. Was man »persönliche Vorlieben« nennt, ist ganz gewiss die leise Stimme Ihres Schutzengels, der Ihnen bei der Auswahl von Farben hilft, die Sie benötigen. Wenn das Engelchen sieht, dass Sie gerade eine Schlafmütze sind und sich zu nichts aufraffen können, rät es Ihnen zu warmen, anregenden Farben. Sollten Sie sich eher wie ein Nervenbündel verhalten, hilft der Engel Ihnen bei der Auswahl von warmen, beruhigenden Farben. Sind Sie aber eine hyperaktive Schlafmütze und haben eine großzügigen Schutzengel, wird er Ihnen zu beiden Farben raten.

Falls Sie also unbewusst eine Farbe einfach nicht schön finden, vergessen Sie sie, dann passt sie nicht zu Ihnen. Wenn Sie hingegen Ihr Badezimmer senfgelb streichen möchten: Machen Sie das ruhig, dieses Gelb tut Ihnen im Augenblick gut. Je stärker Ihr Verlangen nach einer gesättigten Farbe ist, desto mehr brauchen Sie eine solche Farbe. Und falls Sie sich nach einigen Monaten (oder Wochen) an Ihrem senfgelben Bad sattgesehen haben, liegt das nur daran, dass Sie nun andere Farben in Ihrem Leben benötigen; Ihr Bedürfnis richtet sich nach Ihrer Laune, dem Stresslevel, Ihrem beruflichen Erfolg, dem Liebesleben und der Jahreszeit ... Eine nicht mehr passende Farbe lässt sich aber ganz einfach überstreichen, weil die Farben heutzutage besonders gut decken.

Man ist also versucht, die wissenschaftlichen Daten mit den Prinzipien der Feng-Shui-Meister zu kombinieren: Diese Freiheit nehmen wir uns im Folgenden.

Farben bei der Inneneinrichtung

Stellen Sie sich vor, Sie sind Architekt und müssen Farben für ein Bürogebäude aussuchen, wissen aber nicht, wer dort arbeiten wird: eine Multimedia-Agentur mit jungen Webmastern, Monster-Beats-Kopfhörern auf den Ohren, oder eher Banker mit gestreiften Krawatten und Manschettenknöpfen?

Erster Reflex der Architekten (die sich ohnehin lieber mit

Raumaufteilungen und Werkstoffen beschäftigen): Alles wird weiß gestrichen. »Mit Weiß kann man nichts falsch machen«, hört man häufig. Ich finde diese Aussage nicht richtig. Weiß wirkt weder beruhigend wie eine kalte Farbe noch anregend wie eine warme Farbe. Feng-Shui-Meister verbieten diese »Nichtfarbe« ebenso wie Wissenschaftler. Wir haben gesehen, dass in unbunten Büros die Produktivität beträchtlich schwindet und sich der Krankenstand erhöht.[193]

Bereits seit Urzeiten und bis zum heutigen Tag dominieren nahezu überall kräftige Farben bei der Inneneinrichtung, Ausnahmen sind der Westen, Südkorea und Japan. In ganz Afrika und Südamerika sowie allen anderen asiatischen Ländern sind Farben allgegenwärtig.

Nur im Westen herrschen seit etwa 30 Jahren gewisse Stile vor, besonders die Bobo-Mode (Bobo setzt sich aus den Wörtern *bourgeois* und *bohémien* zusammen), die Farben aus dem Repertoire streichen oder im persönlichen und beruflichen Umfeld mit einem stark entsättigten Ambiente spielen. Dieser Trend wurde im Fernen Osten aufgegriffen. In Europa wären unsere Großeltern vor 50 Jahren niemals auf die Idee gekommen, ihren Wohnbereich in Weiß zu streichen. Im Mittelalter waren Kirchen und Schlösser, die dem ganzen Volk als Beispiel dienten, vom Boden über die Statuen bis hin zur Decke außerordentlich farbenfroh.

Diese Farbablehnung bei der Wohnungseinrichtung ist in meinen Augen lediglich eine vorübergehende Modeerscheinung. Im Mittelalter waren die Kathedralen besonders bunt, damit die Pilger sich in der Kultstätte wohlfühlten. Suchen wir besser nicht nach weiteren Gründen, warum Kirchen heutzutage häufig trist auf uns wirken. In den meisten Fällen warten sie seit Jahrhunderten auf einen neuen Anstrich.

In vielen Kulturen ist Weiß die Farbe des Todes. Eine Wohnung oder ein Büro mit weißen Wänden wäre dort unpersönlich, nicht einladend und ebenso wirklichkeitsfremd wie das Paradies. Das Gefühl von Sauberkeit, das die Farbe Weiß hervorruft, wird vom kleinsten bisschen Dreck zunichtegemacht. Ein kleiner schwarzer Fleck genügt, schon wirkt die Wand schmutzig. Diese Farbe erfordert also viel Aufmerksamkeit und muss häufig überstrichen werden. Auf Dauer ist eine weiße Wand folglich viel teurer als eine bunt gestrichene Wand, selbst wenn man von Zeit zu Zeit die Farbe wechselt.

Wir haben ein grundlegendes Bedürfnis nach allen Farben in sämtlichen Nuancen. Genauso ist es in der Natur, wo Farbvielfalt Harmonie und Üppigkeit erzeugt. Es ist wichtig, zwischen Zimmern mit hauptsächlich warmen Farben (Gelb, Rot, Rosa, Orange), Zimmern, die hauptsächlich in kalten Farben gehalten sind (Blau, Violett, Türkis), und Räumen in Grün, der Farbe in der Mitte des Farbspektrums, ein Gleichgewicht zu erschaffen. Sollte Ihnen grüne Farbe nicht gefallen, suchen Sie sich einfach eine große Grünpflanze aus, das geht auch. Das wird sogar von den Feng-Shui-Meistern empfohlen (nur dass hier alle Farben in einem einzigen Zimmer vorkommen müssen).

Aber heutzutage ist Folgendes eine Tatsache: Der Großteil aller Bürogebäude ist in Weiß gehalten oder besteht aus Rohmaterialien wie beispielsweise Beton. Hinzu kommt, dass unbunte (schwarze, graue und weiße) Büromöbel modern sind. Farbtupfer in Form von Vorhängen in warmen Farben oder bunten Teppichen findet man kaum. Leider arbeiten heutzutage sehr viele Menschen in farblosen Büros.

Aber was denken Sie: Sollte man in einem Bürogebäude entspannenden oder mobilisierenden Farben den Vorzug geben?

Die Antwort fällt leicht und passt zu den Empfehlungen der Feng-Shui-Meister: Am besten verwendet man beide Farben, so dass sich jeder Mitarbeiter darin wiederfinden kann.

Für kleine Zimmer rate ich Ihnen zu Komplementärfarben (Blau/Orange, Rot/Grün, Gelb/Violett). Auf großen Oberflächen kann man mehrere Farben verwenden, indem man bunte Bereiche mit hauptsächlich kalten Farben mit Flächen in warmen Farben abwechselt.

In offenen Räumen sehe ich es als unerlässlich an, mit einer Farbvielfalt sämtliche Vorlieben zu bedienen. Am besten begrenzt man die Flächen, indem man mit den Farben von Außenmauern, Teppichen, Trennwänden oder vom Mobiliar spielt und dabei abwechselnd warme und kalte Farben einsetzt. Idealerweise wählt man die Farben so aus, dass sie zu den Berufen passen, die auf der jeweiligen Farbinsel hauptsächlich ausgeübt werden.

Berufe, bei denen viel Härte und Konzentration erforderlich sind, werden am besten in Räumen mit kalten Farben ausgeübt. Bei Berufen, die viel Nachdenken verlangen, bei denen schöpferische Tätigkeiten ausgeübt werden oder die »kaltblütige Entscheidungen« erfordern, wählt man am besten Blautöne.

Idealerweise entwirft man die Dekoration der Sitzungsräume unabhängig von der Bürofarbe und verwendet für diese Räume kühle und warme Farben für unterschiedliche Bedürfnisse. Die Farbe Grün unterstützt außerdem sehr wirksam die Entscheidungsfindung.

Pro Raum eine andere Farbe auszuwählen ist kein Hexenwerk. Das erzeugt Leben und hilft beim Kampf gegen Monotonie am Arbeitsplatz.

Die Werbeagentur BETC in Paris verfügt über zahlreiche

kleine Sitzungssäle, die alle nebeneinander aufgereiht sind und jeweils eine andere Farbe haben. Ganz selbstverständlich und unbewusst wählen die Mitarbeiter je nach Thema des Meetings (Kreative Arbeit, Brainstorming, Verhandlungen, Werbung, etc.) den Raum, der ihnen bei Konzentration, Entspannung, kreativer Arbeit oder beim Nachdenken hilft.

Ich glaube, dass kein Angestellter die Wichtigkeit der Farbgebung in den Sitzungssälen voll und ganz erkannt hat. Die Kreativen, mit denen ich mich unterhielt, sagten mir, dass »sie gerne in dem blauen Raum arbeiten«, eine weitere Begründung gaben sie nicht. Sie treffen diese Entscheidung unbewusst. Blau ist ganz zufällig die Farbe, die sich in sämtlichen Studien und auch im Feng Shui als am förderlichsten für die Kreativität herausstellt.[194]

Falls Sie inzwischen von der Bedeutsamkeit der Farben überzeugt sind, achten Sie bitte auch auf Vielfalt. Nur weil Ihre Frau so schöne grüne Augen hat, müssen Sie nicht gleich Ihre ganze Inneneinrichtung nach dieser Farbe ausrichten. Damit würden Sie ein Ungleichgewicht schaffen.

Zum »Beweis« eine Studie mit 500 Nerzen aus Käfighaltung, die Brigitte Bardot nicht gefallen würde. 250 Tiere wurden ausschließlich mit rosafarbenem Licht beleuchtet, über der anderen Hälfte erstrahlte eine blaue Beleuchtung. Nach einigen Tagen legten die meisten Nerze mit der rosafarbenen Beleuchtung eine große Aufregung an den Tag, die Nager unter blauem Licht hingegen wirkten außergewöhnlich ruhig und antriebslos. Nach einiger Zeit bemerkte man sogar, dass die Nerze unter dem rosafarbenen Licht Schwierigkeiten bei der Fortpflanzung hatten.[195]

Vielfalt ist wichtig, man sollte bei der Farbauswahl aber einige Regeln kennen und befolgen.

Helle oder kalte Farben wirken vergrößernd, dunkle und warme Farben sorgen für Gemütlichkeit und machen ein Zimmer kleiner. Nicht glänzende Möbel oder Bilder vergrößern und verstärken die Wirkung der Farbe, Möbel und Farben mit glänzender Oberfläche wirken hingegen leuchtender. Holztäfelungen, die dunkler als Wände sind, lassen Letztere heller wirken. Monochromatische Raumaufteilungen helfen dabei, eventuelle Fehler in Zimmern mit ungleichmäßiger Form zu verdecken.

Auch bei Zimmerdecken kann man mit kleinen Tricks viel erreichen. Bei niedrigen Decken mildert ein mattes, leicht gebrochenes Weiß als Wandfarbe den Übergang zwischen Wand und Decke und lässt die Decke höher erscheinen. Sollte die Decke allerdings sehr hoch sein, lässt ein weißer Rand von etwa 30 Zentimeter an der Wand auf Höhe der Zierleisten das Zimmer wärmer wirken.

Je gesättigter eine Farbe ist, desto mehr fällt sie auf. Diese auffälligen Farben sollte man sehr wohl verwenden, wenn sie von Möbeln oder Wänden in neutralen Farben (Grau, Weiß oder Naturholz) oder Komplementärfarben ausgeglichen werden.

Ebenso wichtig ist es, Farben immer in Zusammenhang mit Licht zu betrachten. Abends, wenn das Licht gedämpft wird, wirken Farben oft blass und gelblich.

Und nun denken Sie daran, wenn Sie eine oder auch mehrere Farben für sich selbst auswählen, weiß niemand besser als Sie höchstpersönlich, welche Farben Ihnen gut tun. Wenn Sie Farben für die Gemeinschaftsräume Ihrer Wohnung auswählen, ist es wichtig, mit den anderen Bewohnern einen Konsens zu finden. Eine absolute Mehrheit reicht nicht aus, Einstimmigkeit heißt das Zauberwort. Ich möchte an dieser Stelle erneut betonen, dass die Verwendung der Farbe Weiß, nur weil Sie sich nicht für eine richtige Farbe entscheiden können, die denkbar schlechteste Wahl wäre.

Farben und Bekleidung

Bei Farben sucht man immer das, was man nicht hat! (Das gilt übrigens auch für andere Bereiche im Leben ...) Werfen Sie einen Blick auf die deprimierten Menschen in Ihrem Umfeld, unbewusst verlangen sie nach Farben, die ihre Laune heben. Diese Menschen tragen häufig sehr lebendige Farben. Weiter vorne in diesem Buch haben wir gelesen, dass die Farbe Rot zu einem besseren Allgemeinbefinden beitragen kann. Bekleidungsmarken wie beispielsweise Benetton oder Pantashop, die auf leuchtende Farben setzten, konnten nach der Ölkrise 1973 enormen Erfolg verzeichnen. Vielleicht kein Zufall.

Ich bin Mitglied des »Comité Français de la Couleur«, einer französischen Vereinigung bestehend aus Koloristen, die sich mit den Farbtendenzen der nächsten Jahre beschäftigt. Folgender Satz fällt leider immer und immer wieder: »Die Leute verlangen nach Farben, die ihnen aus der Krise helfen.« Deswegen wurde ein frisches Orange im Jahr 2010 wieder modern, Ende der 1990er Jahre war diese Farbe völlig veraltet. 2011 konnte man auf den Straßen überall Minikleider und Hosen in »International Klein Bleu« sehen, einem äußerst gesättigten Blauton, der auch im Jahr 2014 noch ein Bestseller ist. 2012 trugen modebewusste Frauen leuchtende Gelbtöne (bei Männern hatte diese Farbe weniger durchschlagenden Erfolg ...).

Erfolgreiche Bekleidungsgeschäfte stellen im Schaufenster häufig bunte Artikel aus. Diese Farbtupfer sollen Kunden anlocken und ausdrücken: »Schaut her, wir sind so trendy, wir stellen moderne Farben aus.« (im Sommer 2014 unter anderem Ultramarinblau, Korallentöne, Opalfarben und den Violettton »Radiant Orchid«).

Anfangs haben diese Farben stets einen ansehnlichen, allerdings auch begrenzten kommerziellen Erfolg. Im Westen werden hauptsächlich weiße, graue, schwarze (und bei Jeans auch indigoblaue) Bekleidungsstücke verkauft.

Trendscouts von Unternehmen spionieren sich gegenseitig aus, ahmen einander nach oder grenzen sich voneinander ab, indem sie mit großem Aufwand eine neue Trendfarbe ausrufen. Heutzutage aber stellt ein Phänomen alles bisher Dagewesene auf den Kopf; die Rede ist vom Internet. Sehr einflussreiche Blogger können die Mode auf der ganzen Welt mit einem einzigen Post beeinflussen. Seiten wie Facebook, Instagram und vor allem Pinterest verbreiten diese Tendenzen unverzüglich mit einer Million Aufrufen innerhalb von wenigen Tagen. Die Trendscouts aus den Unternehmen sind also gezwungen, selbst diese Seiten zu konsultieren. Das erschwert uns Farbexperten ein wenig die Arbeit, besonders in der Textilbranche, wo wir den Bekleidungsmarken mehr als ein Jahr im Voraus Farben vorschlagen. Währenddessen hatte »das Internet« schon genug Zeit, um eine Modefarbe oder eine gewisse Farbkombination hervorzubringen und vielleicht sogar schon wieder zu verwerfen, noch ehe die empfohlenen Farben für Textilkollektionen verwertet werden.

Auf Pantone sollten wir noch einen Blick werfen. Das Unternehmen hat sich in jüngster Vergangenheit zum Vorreiter in Sachen Farbtrends gemausert. Auf der ganzen Welt hört man auf die Empfehlungen der Firma. 2014 setzte Pantone alles auf die Farbe »Radiant Orchid«, eine Mischung aus Purpurrot, Violett und Pink, die bald darauf in ihrer ganzen leuchtenden Pracht in hippen Schaufenstern erstrahlte, auf der Straße aber leider nicht so häufig anzutreffen war. Weil wieder einmal – mit ganz wenigen Ausnahmen – mit Farben Kunden angelockt und die Marke gestärkt werden sollten. Eigentlich dienen diese

Farben also hauptsächlich dem Verkauf von weißen, marineblauen, grauen und schwarzen Kleidungsstücken.

Beim letzten Treffen des »Comité Français de la Couleur« habe ich bemerkt, dass von den rund 15 anwesenden Farbexperten ein gutes Dutzend in Schwarz gekleidet war. Und stets wird uns die berühmte Frage gestellt: »Sie arbeiten doch mit Farben, warum tragen Sie dann Schwarz?« Wir winden uns immer mit derselben Antwort hinaus: »Monsieur, lassen Sie sich gesagt sein, dass Schwarz auch eine Farbe ist!« Damit lenken wir das Gespräch in eine andere Richtung und müssen nicht auf die Frage antworten.

Erster Grund: Wir alle sind überzeugt davon, dass Schwarz schlank macht. Die Farbe Schwarz lässt einen aber weniger dünn wirken als Längsstreifen. Aber als Mademoiselle Chanel 1926 ihr kleines Schwarzes herausbrachte (es hieß »Ford«, in Anspielung auf die stets schwarzen Autos der Firma zu jener Zeit), fand dieses Kleidungsstück bei vielen Frauen Anklang, die selbstbewusst waren und sich von gesättigten Kleidungsfarben von Designern wie beispielsweise Poiret nicht angemessen repräsentiert fühlten.

Zweitens: Schwarz ist einfach ungemein schick. Stilikonen wie beispielsweise Audrey Hepburn oder Catherine Deneuve trugen das kleine Schwarze von Chanel mit einer Perlenkette und machten das Kleidungsstück zum Inbegriff von Eleganz. Für Karl Lagerfeld ist die Farbe Schwarz »die Stilgrundlage überhaupt«.

Schwarz ist aber eine äußerst widersprüchliche Farbe. Man legt schwarze Kleidung an, damit man bei Benefizgalas elegant und schick aussieht, man trägt aber ebenso schwarz, um in der Masse zu verschwinden. Schwarz steht als Farbe für Auslöschung oder Abwesenheit. Sehr schüchterne Zeitgenossen entscheiden sich häufig für schwarze Garderobe.

Künstler lieben schwarze Kleidung, selbst wenn sie sich mithilfe von anderen Farben ausdrücken. Im Jahr 2010 durfte ich Valerio Adami in seinem Atelier in Montmartre besuchen. Monsieur Adami, ein zeitgenössischer Künstler, der für seine Farbstudien berühmt ist, war von Kopf bis Fuß in Schwarz gekleidet.

Meiner Meinung nach kann man den »black total look« bei Künstlern vor allem auf ihren Wunsch zurückführen, sich vor ihren Werken unsichtbar zu machen. Ein Künstler denkt im Allgemeinen, das Beste an ihm sei nicht er als Mensch, sondern seine Arbeit. Unbewusst möchte der Künstler von seinem Werk repräsentiert werden und tritt am liebsten einige Schritte zurück. Das Gleiche gilt für namhafte Designer, die ihre Models in kunterbunten Entwürfen auf den Laufsteg schicken und anschließend in einem einfachen schwarzen T-Shirt die Menge begrüßen. Eine Ausnahme stellt Jean-Paul Gaultier dar. Er schließt sich seinen Models am Ende der Show in einem einfachen blau-weiß gestreiften Matrosenhemd an, allerdings entfacht er damit auch nicht gerade ein Farbfeuerwerk.

Farben der Reihe nach

Wir wissen bereits, dass jede Farbe einen speziellen Einfluss auf unsere Wahrnehmung und unser Verhalten hat. Im folgenden Teil möchte ich Ihnen die Farben und ihre Besonderheiten noch einmal nacheinander vorstellen.

Blau

Wie wir bereits gesehen haben, ist Blau die kreative Farbe per se. Blau bringt unsere Gedanken auf neue Wege. Diese Farbe ist ein Symbol für Freiheit, verschafft ein Gefühl der Üppigkeit und harmoniert mit unserer Umgebung. Man muss nur an die Wirkung eines blauen Himmels oder des blauen Meers am Horizont denken. Ein einfaches Schwimmbad im Garten genügt, und man fühlt sich direkt viel ruhiger. Aus diesem Grund ist die Farbe auf allen fünf Kontinenten äußerst beliebt. Pharaonen trugen im Sarkophag Blau, damit ihnen das Glück bei der Reise ins Jenseits hold war. Im Westen hat diese Farbe eine religiöse Bedeutung erhalten, als die »Farbdesigner« – die damals aber noch nicht so hießen – dem Mantel der Jungfrau Maria die Farbe Blau zuordneten. Bei den Hindus ist Blau die Farbe der Geschlechter, deswegen ist Krischnas Haut zwangsläufig blau.

Bei der Inneneinrichtung wird diese Farbe für all diejenigen – also die meisten von uns – empfohlen, die ihre Zimmer gerne ein wenig größer wirken lassen möchten. Ein blauer Pastellton vergrößert optisch sogar noch stärker. Für Wohnungen wird diese Farbe aus diesem Grund für kleine Räume wie beispielsweise Eingangsbereiche oder begehbare Kleiderschränke empfohlen. Feng Shui rät in der Küche und im Esszimmer von der Farbe Blau ab. Diese Farbe kommt im Lebensmittelbereich nahezu gar nicht vor. Zudem kann Blau die Paardynamik stören. Vielleicht sprechen die Feng-Shui-Meister aus Schamhaftigkeit von »Kommunikation eines Paares«. Aber wie wir gesehen haben, ist die sexuelle Aktivität in einem blauen Zimmer nicht wirklich zügellos.

Bei Schlaflosigkeit wird dagegen die Farbe Blau fürs Schlafzimmer empfohlen. Diese Farbe sorgt für Harmonie, beruhigt aber auch. Auf der anderen Seite der Medaille bringt Blau den Blues. (Die Wurzel des Wortes »Blues« liegt in der Farbe »Blau«). Bei Depressiven und Morgenmuffeln, die nicht aus dem Bett kommen, sollte man Blau also tunlichst vermeiden. Wegen der betäubenden Wirkung wird von Blau in Wohnräumen abgeraten, nur Haushalte, in denen eine elektrisierte Grundstimmung herrscht, können von der Farbe profitieren. Blau würde dort ausgleichend wirken.

Blau ist die Farbe des Wassers. Also eine ideale Farbe für Menschen, die sich im Badezimmer gerne Zeit lassen.

Im Bekleidungssektor ist Blau zusammen mit Schwarz und Grau die am häufigsten vertretene Farbe. Blau ist bei weitem die Farbe, welche die meisten von uns gerne tragen und in der wir uns wohlfühlen. Wegen der zahlreichen Vorzüge des Blauen rät unser Instinkt uns so oft bei Bekleidung zu dieser Farbe. Blau wirkt leicht. Man fühlt sich wohl in seinem Körper und ist ganz mit sich im Einklang. Blau gibt uns Selbstbewusstsein und ein Gefühl von Freiheit und Kreativität. Man fühlt sich als Rebell, aber als netter Rebell ... All diese Eigenschaften machten das Indigoblau der Blue Jeans, die von Levi Strauss erfunden wurde, zu einem durchschlagenden Erfolg. Zwar haben Designer immer wieder andere Jeansfarben auf den Markt gebracht, die Kunden möchten sich aber lieber mit den Pionieren identifizieren, die den Westen eroberten. Je älter und gebrauchter die Jeans aussieht, desto stärker fühlt man den Geist des freien Manns oder der freien Frau, die John Wayne einen lieben Gruß zuruft, wenn man sich mit den Pferden über den Weg reitet ...

Weil diese Farbe optisch schlanker macht, wird sie besonders kräftigen Menschen empfohlen, wenn man sich allerdings zu mager vorkommt, ist Blau die falsche Farbe.

Auch im beruflichen Kontext verleiht die Farbe Blau ein Gefühl von Freiheit. Blau wird daher im großen Stil von Menschen verwendet, die Ideen entwickeln müssen. Unternehmen, die Forscher, Kreative, Designer und so weiter beschäftigen, können von der Verwendung von Blautönen nur profitieren. Hintergrundbilder von Computern sollten wirklich immer azurblau sein.

Mit Blautönen geht es einem gut. Diese Farbe wird bevorzugt in Geschäften eingesetzt, vor allem in der Textil- und Möbelbranche. Besonders dann, wenn die Produkte recht kostspielig sind. Die Kunden fühlen sich gut, verbringen mehr Zeit im Geschäft, und letzten Endes kaufen sie in der kühlen Atmosphäre auch mehr.

In Büros sollte man wegen der narkotisierenden Wirkung bei der Verwendung der Farbe aufpassen. Wichtig ist es, Blau mit einer anregenden Farbe wie beispielsweise Rot, Rosa, Violett oder Gelb abzuwechseln.

Liebe Buchhalter, Blau ist in Büros, wo Gründlichkeit und Konzentration verlangt werden, streng verboten. Blau kühlt, man sollte es deswegen an Arbeitsplätzen verwenden, wo große Hitze herrscht.

Bei der Verpackung von Lebensmitteln steht Blau nahezu immer für Light-Produkte. Produkte wirken leichter und deswegen weniger kalorienreich. Dennoch ist Vorsicht geboten: Blau ist die einzige Farbe, die natürlicherweise nicht bei Nahrungsmitteln vorkommt und deswegen unterbewusst mit Gift in Verbindung gebracht wird. Sie muss daher immer mit einer Farbe in Verbindung gebracht werden, die an das eingepackte Lebensmittel erinnert, damit das Produkt nicht zu künstlich oder zu gesundheitsschädlich wirkt.

Für Fernfahrer oder Menschen, die häufig nachts fahren, wird eine blaue LED-Leuchte im Wageninneren empfohlen, weil sie die Gefahr des Einschlafens am Steuer verringert.

Rot

Rot ist die stärkste Farbe! Wagner hat sämtliche Opern ausschließlich in roten Zimmern komponiert. In vielen Gesellschaften ist Rot die schönste Farbe. Im Russischen sind die Wörter »Rot« und »Schön« Synonyme. Der Name »Roter Platz« in Moskau ist eine Fehlübersetzung von »Schöner Platz«. Rot ist *die* Farbe schlechthin. Im Lateinischen bedeutet »coloratus« farbig, aber auch rot. In Japan ist Rot die Farbe der Sonne, nicht nur beim Sonnenaufgang, sondern immer. Jedes, wirklich jedes japanische Kind malt die Sonne rot. Diese Farbe ist zudem der absolute Liebling von Psychologen und Hirnforschern, weil man mit ihr häufig spektakuläre Ergebnisse erzielt.

Komischerweise fürchten sich viele Menschen bei der Einrichtung vor der Farbe des Rotkäppchens. Heutzutage hat die Angst vor der Farbe nichts mehr mit den Bolschewisten zu tun. Rot erschreckt uns, weil wir die anregenden Eigenschaften der Farbe deutlich merken, die aber – wenn sie in die falschen Bahnen gelenkt werden – schädlich sein können. Rot ist eine wunderbare Farbe, vorausgesetzt, sie wird in der richtigen Dosierung eingesetzt ... Man muss bei Rot also umsichtig sein und bei der Frage nach der richtigen Farbmenge in einem Zimmer auf seinen Instinkt hören. Wenn Sie sich nach einigen Tagen fragen, ob das Zimmer vielleicht ein wenig zu rot ist, dann ist es sehr wahrscheinlich auch so. So einfach ist das. Bei der Inneneinrichtung sollte man eher rote Accessoires einsetzen, anstatt die Wände in Rot zu streichen. Warum? Weil man innerhalb von Minuten einen Vorhang wechseln, einen Teppich wegschaffen, ein Möbelstück wegstellen oder ein anderes Bild aufhängen kann; Streichen dauert um einiges länger. Rot ist eine starke Farbe, die schnell Überhand gewinnen kann, selbst wenn sie gar nicht so häufig vertreten ist. Wenn man jemanden bittet, die Farbe eines Raumes zu bestimmen, antworten die meisten mit der Wandfarbe, bei roten Möbeln aber fällt die Antwort anders aus. (Das gilt für sämtliche stark gesättigten Farben.)

Rot ist also *die* warme, aktivierende und anregende Farbe schlechthin. Deswegen raten die meisten Menschen bei der Wohnungseinrichtung von dieser Farbe ab. Ich hingegen denke, dass man mit wohldosierten roten Farbtupfern in einem Zimmer mit überwiegend entspannender oder neutraler Farbgebung überhaupt nichts falsch machen kann, vor allem, weil man in einem Schlafzimmer nicht nur schläft. Rot ist die aphrodisierende Farbe schlechthin (gemeinsam mit Blasslila, wie wir schon gesehen haben). Rot regt an und macht deswegen Lust. Zudem lässt Rot Verliebtheit entflammen oder verlängert die Brenndauer … Rot im Schlafzimmer macht also Lust aufs Schlafengehen. Diese Farbe wird somit Menschen empfohlen, die bis tief in die Nacht vor dem Fernseher vor sich hinvegetieren.

In einem Schlafzimmer schlummert man nicht bloß, man wacht auch auf. Wenn man also nicht unter Schlaflosigkeit leidet, sondern einfach nur morgens nicht so gut aus dem Bett kommt, könnte Rot Abhilfe schaffen. Besonders bei Jugendlichen, wo das Wecken zur Qual wird. Rot ersetzt den Kaffee, den die jungen Leute beim Frühstück noch nicht trinken. Wenn ein Teenager gerne einen roten Teppich in seinem Zimmer hätte, reden Sie ihm diesen Wunsch bloß nicht aus.

Beachten Sie dennoch Ihren Schlaf. Falls Ihre Nächte unruhig sind und Sie nicht einschlafen können, sollten Sie Rot komplett meiden. Auch bei hyperaktiven Kindern lässt man besser die Finger von Rot.

In der Wohnung rät Feng Shui für Bereiche »zur Präsentation nach außen« wie beispielsweise im Empfangszimmer oder im Büro zur Farbe Rot. Diese Farbwahl lässt Gespräche entstehen und stellt den Gastgeber als starke und entschlossene Persönlichkeit dar. Auf gut Deutsch macht Rot aus Ihnen einen »Siegertypen«. Eine tiefrote Wand macht den besten Eindruck, zumal diese Farbe sich abends sehr gut beleuchten lässt und einem Zimmer Gemütlichkeit verleiht. Wie wir bereits gesehen haben, überschätzt man in einem roten Raum die Temperatur um bis zu zwei Grad. Rot ist also eine hervorragende Farbe für Frostbeulen und Orte, an denen man häufig friert.

In der Küche sollten Menschen, die eine Diät machen möchten, auf Rot verzichten, weil die Farbe in Verbindung mit Weiß appetitanregend wirkt. In Restaurants hingegen kann eine rote Wand zu einer zusätzlichen Vorspeise oder einem extra Dessert verführen. Aus diesem Grund haben die Gastwirte früher gerne rot-weiß karierte Servietten ausgelegt. Und noch ein kleines, aber nicht zu vernachlässigendes Detail: Wände oder Möbel in Rot lassen Fleisch sehr appetitlich aussehen!

In Unternehmen kann man an vielen verschiedenen Stellen von der Farbe Rot profitieren. Ich lade Sie zu einem Besuch in einer Musterfirma ein.

Im Empfangsbereich lässt diese Farbe das Unternehmen direkt in einem aufstrebenden, mächtigen, dynamischen und zukunftsorientierten Licht erscheinen. Diesen ersten Eindruck möchte man doch gerne erwecken. Anschließend betreten wir das Büro vom Personalchef, dort findet gerade ein Vorstellungsgespräch statt. In einer roten Umgebung ist der Bewerber offener, aktiver und legt sich richtig ins Zeug, zeigt also seinen Charakter. Aber Achtung: Den Kandidaten können ganz leicht ihre intellektuellen Fähigkeiten abhandenkommen, das ist die Kehrseite der Medaille. In den Büros sehen wir, dass Mitarbeiter mit komplexen Aufgaben auf einen roten Bildschirmhintergrund schauen.

Das Unternehmen verfügt über einen Sitzungssaal mit einer Wand in kräftigem Rot. Damit erzielt man dieselbe Wirkung wie im Büro des Personalchefs: In diesem Raum vertreten die Mitarbeiter ihre Meinung und geben viel von sich preis. Eine perfekte Grundlage für Brainstorming. Aber Achtung, Rot ist keine gute Farbe, wenn Entscheidungen getroffen werden, die gründliches Nachdenken erfordern, weil sie zu überstürzten Schlüssen verführt.

In unserem Unternehmen befindet sich außerdem noch ein Fließband, an dem sich Handgriffe, die viel Genauigkeit erfordern, monoton wiederholen. Und wieder einmal ermöglicht die anregende Seite der Farbe Rot den Arbeitern langanhaltende Konzentration bei ihren Tätigkeiten. In diesem Bereich muss Rot aber vorsichtig eingesetzt und vor allem durch Blau oder Grün ausgeglichen werden, damit die Arbeiter sich in den Pausenräumen entspannen können. Ein Ratschlag zu diesem Thema: Stellen Sie die Schilder der Gewerkschaften vor die Pausenräume. Tatsächlich können schon kleine rote Aufkleber die Entspannung enorm vermindern und den Arbeitern das Gefühl vermitteln, dass sie sich niemals entspannen können.

Unser Musterunternehmen verfügt auch über einen großen Kühlraum. Die Logik verlangt hier nach der Farbe Blau, wodurch die Einhaltung der Kühlkette unterstrichen würde. Die Raumfarbe wurde dennoch in Rot geändert. Die Arbeiter verrichten ihre Aufgaben in diesem Raum nun viel lieber, weil sie weniger frieren.

Zu guter Letzt befindet sich in dem Unternehmen auch noch ein großes Auditorium mit roten Kinosesseln. Genau wie im Theater fördert Rot die Konzentration und Aufmerksamkeit der

Zuschauer für das Geschehen auf der Bühne. Der Geschäftsführer kann hier seine große Reden schwingen und wichtige Informationen einfließen lassen, die Anwesenden werden sie hören. Die gesamte Belegschaft wird Lust bekommen, sich die Ärmel hochzukrempeln, voranzuschreiten und von morgen an für die Interessen der Aktionäre zu kämpfen ... (Kleiner Einschub: Kinos haben inzwischen zum Teil blaue Sessel. Ich bin überzeugt davon, dass Sie den gleichen Film in einem blauen Kinosessel langweiliger und in einer roten Sitzgelegenheit unterhaltsamer finden, weil Sie dort weniger gut abschalten können. Zu diesem Thema habe ich keine einzige wissenschaftliche Vergleichsstudie gefunden. Dabei könnte man solch eine Untersuchung sehr leicht durchführen.)

Verlassen wir nun unsere (Muster-)Firma und besuchen Unternehmen, in denen wir eine traditionelle Farbgebung vorfinden. Falls es auf jeder Etage Streitigkeiten gibt, sollte Rot vermieden werden. An den Fließbändern darf die Farbe aber dennoch verwendet werden, weil sie die Konzentration bei monotoner Arbeit erleichtert.

Wenn es beim Publikumskontakt auch einmal heiß hergeht, sollte Rot ausdrücklich gemieden werden. Ich denke insbesondere an gewisse Behörden. Einmal musste ich meinen Motorroller beim Abstellplatz für amtlich abgeschleppte Fahrzeuge abholen. Hinter dem Schreibtisch vom unglücklichen Polizeibeamten des Verwaltungsbezirks hing ein hübsches, zum größten Teil rotes Poster. Das verfehlte seine Wirkung nicht: Die drei Menschen, die vor mir an der Reihe waren, wollten sich unbedingt mit dem armen Polizisten streiten. Fast hätte ich ihm zu einem Poster mit einem grünen, rosafarbenen oder blauen Motiv geraten. Aber ich möchte ganz ehrlich mit Ihnen sein: Ich war nicht besser als die anderen Wartenden. Ich ließ den Beamten wissen, dass ich nicht gerade froh darüber war, ihn kennenzulernen, »obwohl er natürlich nichts dafür konnte, dass mein Motorroller vor der Gare du Nord abgeschleppt worden war, wo er doch auf dem Bürgersteig wirklich niemanden im Weg stand ...«. Wer weiß, vielleicht würde er sich nicht mehr mit zwei Dritteln der Kunden streiten, wenn er sein Poster zugunsten eines Exemplars mit einem lächelnden Frauengesicht vor einem rosafarbenen Hintergrund austauschte?

Kurzum, Rot sollte in Büros und Handelsräumen der Golden Boys vermieden werden, damit die Stimmung nicht hochkocht und sie unüberlegte Befehle geben.

Wenn sie entsprechend gekleidet sind, hat die Farbe Rot für Alleinstehende nur Vorteile. Rot ist mit Abstand die beste Farbe. Allein schon, weil man Sie schon von weitem sieht. Rot zieht die Blicke auf sich und weckt Begehren. Wären wir Tiere, könnte man sagen, dass ein Männchen, das neben einem Weibchen mit roter Bekleidung oder rotem Lippenstift liegt, dieses als fruchtbar wahrnimmt. Und umgekehrt nimmt ein Weibchen ein rottragendes Männchen als Leittier einer Herde wahr. Aber natürlich sind wir keine Tiere ...

Rot macht aus Ihnen eine dynamische, positive, heitere und überzeugende Persönlichkeit. Als besonderes Extra hilft Ihnen diese leuchtende Farbe beim Überwinden Ihrer Schüchternheit und beim Vorwärtskommen. Als aphrodisierender Arzneitrank verzehnfacht Rot seine Wirkung, wenn es mit Schwarz kombiniert wird. Nicht wahr, Monsieur Stendhal?[196]

Rote Kleidung zeigt bewusst oder unbewusst eine Lust zum Verführen an. Besonders, wenn Unterwäsche rot ist. Achten Sie aber darauf, dass Sie diese Farbe vermeiden, wenn Sie sich in einer Konfliktsituation befinden, wo Sie nicht in der tonangebenden Position sind, bei einer geschäftlichen Verhandlung beispielsweise. Rot macht Sie in den Augen Ihrer Umgebung zum Anführer. Wenn aber Ihr Vorgesetzter anwesend ist, kann rote Kleidung Sie in eine unangenehme Lage versetzen. Wie auch im Tierreich fordert das Männchen, das Rot trägt, die anderen Männchen zum Kampf auf, wenn es sich ihm gewachsen fühlt.

Bei Parfumverpackungen steht Rot für Liebe oder Leidenschaft. Bei Konsumgütern erweckt ein gesättigtes Rot das Bild von einem »Schnäppchen, weil es nicht teuer ist«. Diese Farbe führt am wirksamsten zu Spontankäufen. Allerdings wird das Produkt auch nicht als qualitativ hochwertig wahrgenommen. Rot erweckt auch den Eindruck eines voluminöseren Produkts. Rot sticht schließlich im Warenregal am stärksten hervor, vor allem, wenn viele Farben vorhanden sind.

Rosa

Die Farbe Rosa erinnert an den Teint junger Mädchen. In gar nicht allzu langer Vorzeit nannte man den Farbton noch »hellrot«. Die Frühromantiker des 18. Jahrhunderts gaben dieser Farbe lieber einen Blumennamen. Rosa ist die liebliche und zarte Farbe schlechthin. Sie hilft beim Glauben an die Schönheit des Lebens, was so viel heißen will wie, dass man mit einer rosaroten Brille durch die Welt läuft. Als Leibniz *Die beste aller möglichen Welten* schrieb, hatte er bestimmt etwas Rosafarbenes in seiner Schreibstube.

Auf dieser rosafarbenen Welle surften Mitterand im Jahre 1981 und Hollande 2012 knapp 30 Jahre später in eine erfolgreiche Zukunft, bevor sich die Welle dann an der Realität brach. Bei beiden handelt es sich um Politiker der französischen Sozialisten, deren Farben Rosa und Rot sind.

Zahlreiche junge Mädchen wählen diese Farbe in der Erwartung des Märchenprinzen, der auf einem weißen Pferd angeritten kommt. Verwenden Sie einen kräftigen Rosaton besser sparsam, setzen Sie damit Akzente, aber streichen Sie nicht ganze Räume in dieser Farbe. Denn ebenso wie die Farbe Rot, wirkt auch Rosa auf ausgeglichene Menschen recht anregend. Und diese Farbe muss einem doch nicht den Schlaf rauben oder junge Mädchen hyperaktiv machen. In diesem Fall sollte man schnell die Farbe ändern.

Wo sollte man die Farbe bei sich zu Hause verwenden? Manchmal wird sie für Toiletten empfohlen, bei Menschen, die unter Verstopfung leiden. Weil mit dieser Farbe alles möglich wird. Warum nicht?

Wir haben gesehen, dass diese optimistische Farbe Häftlinge im Gefängnismilieu beruhigt. Bobos, die ganz bewusst Kitsch in ihren Wohnzimmern aufstellen, haben eine besondere Schwäche für Rosa und setzen gerne Akzente damit. Ja, Rosa ist die Farbe der Liebe und der Hoffnung.

Im beruflichen Umfeld sind Unternehmen, die Hoffnung vermitteln wollen, mit Rosa gut beraten. Bei Ernährungsberatern verleiht sie Hoffnung auf eine Gewichtsabnahme, im Krankenhaus hofft man auf Heilung. Rosa ist die ideale Farbe für Krippen und Grundschulen, weil sie die Kinder in gute Laune versetzt.

Rosa wirkt gegen Stress und kann ganz gewiss auf unkonventionelle Art und Weise in enorm aufreibenden Umgebungen eine positive Wirkung erzielen. Ich denke beispielsweise an ein riesiges Sparschwein, das einem im Eingang eines Büros für Börsenmakler anlächelt. Alle testosterongeschwängerten Aktienhändler streicheln das rosa Schweinchen morgens bei der Ankunft, um sich viel Glück für den Tag zu wünschen. Mit Selbstironie lässt sich der kitschige Touch der Farbe gut wettmachen.

Im beruflichen Umfeld sollte Rosa vorsichtig verwendet werden, weil es für viele »mädchenhaft« wirkt. In diesem Fall sollten Sie Bonbonrosa eher meiden und ein »hellrotes« oder ein ins Orange spielendes Rosa verwenden.

Grün

In unserer Kultur wird die Natur von Feuer, Erde, Luft und Wasser dargestellt. Keines dieser vier Elemente ist wirklich grün. (Es sei denn, das Wasser ist mit zu viel Stickstoff verschmutzt und es bilden sich dadurch riesige Algenmengen.) Wir verdanken es den Arabern, bei denen Grün für Oasen steht, dass die Farbe in unserer universellen Symbolik mit Natur in Verbindung gebracht wird. Aufgrund von Generalisierung wurde Grün die Farbe des Paradieses der Moslems und des Islam insgesamt.

Grün ist eine interessante Farbe, weil sie bei der Inneneinrichtung sehr umstritten ist. Feng-Shui-Meister sind in der Beziehung strikt: Grün sollte in sämtlichen Wohnräumen vermieden werden. Goethe, der europäische Farbguru des ausgehenden 18. Jahrhunderts, ist genauso konsequent, allerdings mit einer gegenteiligen Ansicht. Seiner Meinung nach konnte man nur in Grün erholsam schlafen ... Zufällig fand Goethe mit seiner Farbpalette Gehör bei den bedeutenden Persönlichkeiten der (westlichen) Welt. Grün war daraufhin bis zur Mitte des 20. Jahrhunderts die erste Wahl für Wandfarben. Es kann sehr gut sein, dass Ihre Großmutter, Ihr Urgroßvater und Ihre Ururgroßmutter in einem grünen Zimmer empfangen oder geboren wurden.

Aber wem sollten wir nun Glauben schenken? Ist Grün gut oder schlecht? Grün kann Ihnen in einem städtischen Umfeld mit viel Beton neue Energie verleihen, wenn Sie das Gefühl haben, dass Ihnen die Natur fehlt. Grün ist eine wunderbare Farbe für tagsüber, im Dunklen allerdings kann man diese Farbe nur schwer beleuchten und dabei eine warme Atmosphäre erschaffen. Ich persönliche rate von der Farbe Grün im Schlafzimmer ab, ganz einfach weil es nicht natürlich ist, eine grüne Pflanze in dieses Zimmer zu stellen. Unser Instinkt ist dagegen.

Für Küchen und Toiletten ist Grün laut den Feng-Shui-Meistern hingegen sehr gut geeignet. (Zu diesen Zimmern hatte Goethe keine Meinung, weil die Küche für die Hausangestellten vorgesehen war und er dort nie einen Fuß hineingesetzt hat; Toiletten gab es damals noch nicht wirklich ...)

In Küchen wird Grün empfohlen, weil es appetitanregend wirkt (wie auch Orange und Rot).

Grün befindet sich zwischen Infrarot und Ultraviolett in der Mitte des sichtbaren Spektrums. Grün ist die Farbe des Gleichgewichts. Außerdem beruhigt und besänftigt die Farbe, indem sie den Blutdruck senkt. Billardteppiche sind grün, damit sich die Spieler so gut wie möglich entspannen und besser spielen können. Grün ist die Farbe der Natur, also des Lebens. Wenn außerirdisches Leben besteht, ist es auf jeden Fall grün, wie die kleinen Männchen, die man auf dem Mars vermutet ... Grün ist eine ausgeglichene, entspannende Farbe, die Gemütlichkeit erzeugt. Diese Farbe kann bei angespannter Stimmung im familiären Bereich interessant sein.

Grün ist weder kalt noch warm und damit *die* Farbe der Ruhe.

Im beruflichen Umfeld wird sie deswegen (wie auch die Farbe Blau) für laute Umgebungen empfohlen.

Diese Farbe gibt neue Energie, beruhigt, entspannt und belebt den Körper. Eine ideale Farbe auch für Arbeitsumfelder, in denen viel Stress herrscht. Wenn kein Grün vorhanden ist, ist eine große Grünpflanze immer eine gute Idee.

Diese Farbe weckt außerdem Vertrauen. Auf grünen Spielteppichen vertraut man auf mögliche Gewinne und riskiert deswegen größere Summen. Grün wird zudem für Sitzungssäle empfohlen, zur Überzeugung von Kunden oder um zum Handeln zu motivieren.

Grün erzeugt eine vertrauliche Atmosphäre, verleitet zur Offenheit und wirkt kommunikationsanregend. Deswegen ist Grün eine gute Farbe für Anwaltskanzleien, medizinische Berufe, Polizeiwachen, aber auch Massagesalons und andere Orte der Entspannung. (Hypnosesitzungen verlaufen in einem grünen Zimmer womöglich erfolgreicher.)

Bei geschäftlichen Verhandlungen rate ich Ihnen zu einem grünen Detail bei Ihrer Bekleidung, um Vertrauen zu wecken und den Zuhörer zu überzeugen.

Schwarz

Schwarz absorbiert das gesamte Lichtspektrum und erinnert uns deswegen an die dunklen Jahre des Mittelalters. Im Westen steht diese Farbe seit dem 18. Jahrhundert zudem für Trauer. (Zuvor trauerte man eher in Braun.) Die Protestanten haben der Farbe Schwarz die Tugenden Strenge und Demut zugeschrieben. Wie auch schon Feng-Shui-Meister und Wissenschaftler wie aus einem Mund sagten, flößt diese Farbe Respekt ein. »Die Kunden können sich ihre Autofarbe aussuchen, solange sie sich für Schwarz entscheiden«, sagte Herr Ford. Wenn man die Farbwahl mit Blick auf den sozialen Status betrachtet, hatte er recht. Schwarz macht chic. Bei einem Auto, einem Smoking oder einem Abendkleid verkörpert die Farbe Eleganz schlechthin. Wichtig ist, zwischen zwei Arten der Farbe zu unterscheiden: mattem und glänzendem Schwarz. Man muss nur einen Blick auf die Arbeiten des Malers Pierre

Soulages aus dem Departement Aveyron werfen, in denen er sich mit der Farbe Schwarz beschäftigt, dann versteht man, wie unterschiedlich Schwarztöne sein können. Bei den Griechen in der Antike trugen unterschiedliche Nuancen der Farbe Schwarz übrigens noch nicht denselben Namen. Den höchsten Status hatte mattes Schwarz. Manch Wohlhabender glaubt sich in einem mattschwarzen Sportwagen im Himmel des guten Geschmacks. Wenn man mit 300 Stundenkilometern in einem dieser Särge mit 500 PS geblitzt wird, ist ein Foto in mattem Schwarz besonders elegant ...

Wir haben bereits gesehen, dass Rot sehr gut zu Schwarz passt, wenn man Begehren erwecken möchte. Und wir haben auch gesehen, dass vor allem Künstler und sehr schüchterne Menschen Schwarz tragen, weil sie sich darin gerne unsichtbar machen oder einige überflüssige Kilos kaschieren wollen. Bei Kleidung erlaubt die Farbe seltsamerweise ein Verstecken, bei Einrichtungsgegenden sticht sie jedoch heraus. Ein schwarzes Möbelstück erscheint stets massiger und zieht die Blicke auf sich, vor allem, wenn es matt ist. Wäre La Palice Kolorist gewesen, hätte er gesagt, dass Schwarz ein Zimmer verdunkelt. Mit Ausnahme von Diskotheken oder Kinos muss kein einziger Ort verdunkelt werden. Bei der Inneneinrichtung lassen sich mit Schwarz edle Akzente setzen. Schwarz ist eine exzellente Farbe für Schmuckkästchen. Feng-Shui-Meister empfehlen uns Schwarz in allen Räumen unter der Prämisse, dass die Farbe niemals Überhand gewinnt und stets »den anderen Farben dient«.

Bei Verpackungen oder Produkten erweckt Schwarz einen edlen Eindruck.

Schwarz ist die beste Farbe für laute Orte mit hohen Frequenzen (hohen Tönen) wie Fabriken oder Sägewerke.

Grau

Selbst wenn es 50 verschiedene Grautöne oder sogar noch viele mehr gibt, ergreifen wir an dieser Stelle dafür Partei, alle Grautöne und sämtliche stark ungesättigten Farben zu vereinen, weil deren Auswirkungen zumeist neutral sind. Einige Farben sind wärmer und andere kälter, im Allgemeinen kann man aber sagen, dass die anregenden oder entspannenden Effekte sehr gering sind.

Diese Farben unterstützen gesättigte Töne sehr gut. Ein leicht bläuliches Grau beispielsweise betont ein Möbelstück im Blauton »International Klein Blue« unglaublich gut. Der zugrunde liegende Gedanke ist, dass man im selben Farbton bleibt.

Entsättigte matte und recht dunkle Farben liegen heutzutage bei der Inneneinrichtung im Westen stark im Trend. Schauen Sie doch einmal in der nächsten Ausgabe von *Schöner Wohnen* nach. Wählen Sie vom Boden über die Decke bis hin zu Dekorationsartikeln diese Farbe. Achtung, nichts sollte hervorstechen. Falls das Nudelsieb in der Küche aus knallrotem Plastik ist, waren sämtliche Bemühungen für die Katz und die Journalisten der Einrichtungszeitschrift gehen wieder. Aber seien Sie versichert, die wahrhaft passionierten Kunden von Dekorationsgeschäften würden niemals auf die Idee kommen, so ein ordinäres Sieb zu benutzen.

Herzlich willkommen in der eleganten und dezenten Atmosphäre des englischen Farbenherstellers Farrow&Ball. Dieses Unternehmen aus Dorset hat es geschafft, neben natürlichen und sehr tiefen Pigmenten auf der ganzen Welt einen Stil aus matten, entsättigten, und mäßig dunklen Farben zu etablieren. Die Grautöne haben hübsche Namen wie beispielsweise »Elephant's Breath« oder »Pavilion Grey«. Mit diesem Stil ist das Unternehmen seit 1946 beständig erfolgreich.

Diese Farben machen zumindest auf Ihre Gäste Eindruck. Eine auserlesene und edle Wohnungseinrichtung bringt Ihren guten Geschmack zum Ausdruck. Achten Sie aber darauf, dass Ihre Inneneinrichtung auf der Suche nach Perfektion nicht zu unpersönlich ausfällt. Der Wohnraum wirkt dann ebenso eisig wie in den Zeitschriften. Vergessen Sie nicht, dass gerade Unvollkommenheit den Reiz des Lebens ausmacht.

Eine graue (oder stark entsättigte) Ausstattung ist für Menschen reserviert, die weder Antrieb noch Entspannung brauchen. In einem grauen Zimmer ruht man sich weder aus noch lädt man seine Batterien auf, man befindet sich in einem Zustand der Kontemplation. Ich rate Ihnen nachdrücklich zu schönem Parkettboden oder Möbeln aus hellem Holz, die Wärme in die Räumlichkeiten bringen.

(Viele) Menschen, die diesen Einrichtungsstil mögen, tun jedoch gut daran, nur Eingangszimmer (Diele, offene Küche oder Esszimmer) in diesen Farben einzurichten und in anderen Räumen wie beispielsweise Schlaf- und Badezimmern kräftige Farben zu verwenden. Wenn es überhandnimmt, ist Grau – ebenso wie Schwarz oder Weiß – keine lebendige Farbe.

Ein vollständig graues Outfit bedeutet: »Mit Farben habe ich nichts am Hut.« Grau ist die neutralste Farbe mit den geringsten Auswirkungen.

Ebenso wie die Farbe Schwarz eine rebellische, schüchterne oder introvertierte Seite haben kann, ist Grau einfach eine Farbe für jede Gelegenheit. Auch für überhaupt nicht traurige Anlässe! Mit dieser Farbe verschmilzt man mit der grauen Masse. Falls Sie Single und auf der Suche sind, sollten Sie diese Farbe vermeiden.

Bei Verpackungen sollte Grau auch vermieden werden, vor allem, wenn die Konkurrenz hart ist. Graue Produkte stechen nicht hervor und erzeugen kein Gefühl, weder positiv noch negativ. Einzig und allein beim Design erhält Grau durch Schlichtheit und Neutralität eine gewisse Modernität.

Weiß

Die Farbe des Pferdes von Heinrich IV. ist die göttliche Farbe schlechthin. Weiß ist rein wie die freundlichen Engel, die noch nicht einmal ein Geschlecht haben und durch ein wattiges Paradies flattern. Und ja, Weiß ist vor allem die Farbe der Leere und des Todes für knapp die Hälfte aller Menschen auf unserer Erde.

Selbst wenn dieser Farbe zahlreiche gute Eigenschaften zugeschrieben werden, würde ich persönlich gerne gegen ihren Missbrauch in den Krieg ziehen ... Bei der Inneneinrichtung sollte Weiß, wie wir inzwischen schon häufig gesehen haben, vermieden werden, weil es weder aktivierend noch beruhigend wirkt.

Von Feng-Shui-Meistern wird Weiß nur für einen einzigen Raum empfohlen: die Toilette! Weiß symbolisiert Sauberkeit.

Von einer »zu weißen« Atmosphäre für Kinderzimmer ist stark abzuraten. Noch nie hat ein kleines Kind gesagt »Maman, ich hätte so gerne ein Zimmer ganz im white look«, selbst wenn die Kleinen schon sehr früh mit dem Denglisch beginnen. Allerdings harmoniert weiß exzellent mit stark gesättigten Farben.

Wenn Ihre Wände also weiß sind, sollten Sie eine Wand in einer knalligen Farbe streichen oder sich einen bunten Teppich, bunte Vorhänge oder Bilder anschaffen ... Diese Farben sollten dann aber nicht zu hell und eher gesättigt sein.

Weiß vergrößert (fast genauso wie Himmelblau) und reflektiert Licht in dunklen Räumen. Es wird deswegen für Wände gegenüber von Fenstern empfohlen, damit das Licht zurückgestrahlt wird. Mit einem matten Weiß lässt man eine Zimmerdecke am besten höher wirken.

Im professionellen Umfeld sind weiße Büros weit verbreitet. Dennoch arbeitet man - wie wir bereits gesehen haben - in farblosen Büros schlechter und langsamer. Und in weißen Büros haben Mitarbeiter das größte Risiko, an einer Depression zu erkranken.[197]

Weiß ist eine gute Farbe für Orte, an denen ein Gefühl von Hygiene wichtig ist (wie auch die Farbe Türkis).

Weiß ist folglich eine gute Farbe für Industrieküchen. Köche sind nur weiß angezogen, um ihre Sauberkeit zu unterstreichen. Auch im Krankenhausbereich symbolisiert Weiß tadellose Hygiene. In Arztpraxen, wo Weiß für die Sauberkeit des Raums stehen kann, empfehle ich Ihnen (wie auch für den privaten Bereich) zur Abwechslung bunte Farben, wie etwa eine bunte Wand oder Möbel in stark gesättigten Farben. In einem Zimmer mit vier Wänden ist idealerweise eine Wand farbig.

Weiß kann als Außenanstrich einen Gebäudes sinnvoll sein, vor allem in einem heißen Land. Die Griechen verputzen ihre Häuser nicht erst in jüngster Vergangenheit mit weißem Kalk, damit sie auf Postkarten hübsch aussehen, sie machen das schon lange, weil so das Licht zurückgeworfen wird. Wissenschaftler aus Florida haben herausgefunden, dass ein weißes Dach den Energieverbrauch von Klimaanlagen um 23 Prozent verringern kann.[198]

Heutzutage werden die Decks großer Flüssiggastanker systematisch weiß gestrichen, weil die Reeder gemessen haben, dass dies die Temperatur im Vergleich zu einem roten Deck um 20 Grad senkt.

Bei Verpackungen steht Weiß für Reinheit und kann - je

nach Produkt - als genauso hochwertig angesehen werden wie Schwarz.

In Fabriken hilft Weiß dabei, Lärmbelästigung in Form von tiefen Frequenzen (tiefe Töne oder Infraschall) besser zu ertragen.

Violett

Liebe schlaflose Freunde, hier ist Ihre Farbe. Ihre Augenlider werden ganz schwer, Ihre Glieder werden schlaff. Ja, Violett ist die Farbe der Hypnosemeister. Schlafen Sie, liebe Leser, bei dieser Farbe. Oder denken Sie einmal nach. Ganz in Ruhe. Diese Farbe ist mystisch, nicht wahr, liebe Bischöfe mit Euren violetten doppelten Mozetten mit eingewobenen, karminroten Zingula? Meditation ist gut, wenn man alleine ist. Aber eine Reise in sein Unbewusstes lässt sich nicht sonderlich gut mit geselligen Augenblicken unter Freunden verbinden. Diese Farbe sollte also in Wohnräumen wie beispielsweise Wohnzimmern und Küchen vermieden werden.

Für Schriftsteller ist Violett aber eine sehr gute Farbe, ebenso für Studenten, die sich (alleine) konzentrieren müssen. Violett vermindert Ängste und hilft Ihnen dabei, Ihr tiefstes Inneres zu erreichen.

Violett ist eine gute Wahl für sämtliche Zimmer, in denen man gerne übernachtet. Wie wir schon gesagt haben, wirkt diese Farbe besonders stark lustanregend, wenn sie eher blasslila ist. Violett wird auch häufig streitenden Paaren empfohlen, weil diese Farbe ihnen wieder zu einer gewissen Gelassenheit verhilft.

Im beruflichen Umfeld ist Violett die Farbe der »Institutionen«. Diese Farbe flößt Respekt ein. In ihren violetten Büros wirken mein Arzt, mein Notar oder mein Anwalt äußerst beeindruckend. Auch die Feinkostkette Lenôtre macht großen Eindruck mit ihren violetten Geschäften. Aufgrund der gewaltigen Mystik der Farbe fühlen wir uns völlig unbedeutend. Deswegen entfaltet diese Farbe ihre Wirkung in Café-Lounges und Design-Cafés. Violett beeindruckt die Kunden. Der französische Schriftsteller Frédéric Beigbeder hat folgende Erklärung für diese Orte: »Sie sind eine Erfindung der Pariser, damit die Provinzler dort zusammengepfercht werden und sie selbst gemütlich im Café de Flore frühstücken können.« Mag schon sein. Aber andererseits wirkt diese Farbe auch appetitzügelnd und zieht aus diesem Grund hübsche Mannequins an, die kein Gramm zulegen möchten. Beigbeder lernt die Models wahrscheinlich in den verpönten Design-Cafés kennen und nimmt sie dann auf ein letztes Glas mit ins Café de Flore …

Verpackungen verleiht Violett einen geheimnisvollen Touch. Diese Farbe verwendet man erfolgreich bei Parfums. Achtung aber in Asien: Dort kann diese Farbe Angst machen und die Kaufneigung verringern.

Türkis

Bereits 5500 Jahre vor Christus war Türkis eine schicke Farbe. In einem Sarkophag auf der Sinai-Halbinsel trug die Kaiserin Zara, oder besser gesagt ihre Mumie, zur Zierde Ketten aus Türkis. Diese Farbe wurde ursprünglich durch Zerkleinerung von Türkisen gewonnen, die für die Apachen heilige Steine waren, weil sie in ihren Augen die Geister des Himmels und des Meeres vereinigten und man deshalb glaubte, sie würden den Kriegern helfen.

Türkis liegt farblich zwischen Grün und Blau und symbolisiert in vielen Kulturen Hoffnung, Jugendlichkeit, Einklang mit dem Leben und Frühling. In Indien und Tibet verwendet man

Türkis als Heilstein. Türkis ist weder warm noch kalt oder eben kalt und warm und hat deswegen zahlreiche Anhänger. Türkis wird vor allem von Sauberkeitsfanatikern sehr geschätzt. Eine Küche, ein Labor oder Toiletten in Türkis wirken direkt viel reinlicher. In einem Badezimmer erinnert Türkis an die schönsten Meere der Welt. Ideal also für Menschen, die sich gerne in ihrer Badewanne so ausgiebig entspannen, bis die Zehen ganz schrumpelig werden.

Achtung, mit gedämpftem Licht lässt sich die Farbe nicht gut beleuchten. Starkes und weißes Licht ist hier die bessere Wahl. Türkis sollte folglich nicht verwendet werden, wenn man beispielsweise eine gemütliche Wohnzimmeratmosphäre schaffen möchte.

Einige Menschen mögen Türkis dennoch in ihrem Wohnzimmer. Diese Farbe ist sehr ausgewogen, lindert Qualen und hilft beim Kampf gegen Depressionen. Besonders hübsch lässt sie sich mit Rohholz kombinieren.

Gelb

Im Westen ist Gelb die Farbe der Sonne. Wir alle müssen in der Sonne »unsere Batterien aufladen«, um glücklich und bei guter Laune zu bleiben. Gelb ist eine gute Farbe für das eigene Zuhause – wenn man die Farbe mag. Und ja, Gelb ist die helle Farbe, die weder bei Erwachsenen noch bei Kindern beliebt ist, obwohl sie doch zahlreiche Qualitäten hat. Wie sagt Calimero mit seinem gelben Schnabel: »Das ist nicht fair, oh nein!«

Gelb ist eine energiegeladene Farbe, die trotzdem nicht aufregt. Man sagt, es sei die Farbe der Intelligenz. Feng-Shui-Meister und Wissenschaftler sind sich einig, dass diese Farbe sehr gut für Menschen geeignet ist, die zu Depressionen neigen (genauso wie Türkis). Ob im Wohnzimmer, Esszimmer oder dem Eingangsbereich, Gelb wird für Wohnräume empfohlen, weil es Energie bringt und Kommunikation sowie Verständigung fördert (ähnlich wie Orange). Zudem kann man mit Gelb abends bei künstlichem Licht für eine sehr warme und gemütliche Atmosphäre sorgen. Soiréen bei Botschaftern sind in Räumen mit gelben Wänden immer ein Erfolg. In der Küche regt Gelb den Appetit an, weil es mit reifen Früchten in Verbindung gebracht wird. Als Farbe bei der Dekoration symbolisiert es (genauso wie die Farbe Gold) Erfolg und Lebensfreude.

Gelb sollte in Schlafzimmern von Menschen vermieden werden, die Probleme beim Einschlafen haben, weil sie zu viel grübeln und ihre Gedanken nicht zur Ruhe kommen. Für müde Menschen ist Gelb aber eine gute Farbe für das Schlafzimmer, die Energie spendet und morgens beim Aufstehen hilft. Gelb ist also eine sehr gute Farbe für Jugendliche, die schlecht aus dem Bett kommen.

Gelb lässt sich sehr gut mischen, vor allem mit seiner Komplementärfarbe Violett, aber auch mit den Farben Blau und Grün. Vermeiden sollte man einen Mix mit Weiß, weil der Kontrast nicht stark genug ist. Und wie Goethe schon sagte, haben wir noch nie ein dunkles Gelb gesehen.

Im beruflichen Umfeld hilft die Farbe bei der Konzentration, besonders bei komplizierten oder organisatorisch aufwändigen Aufgaben. Gelb stimuliert die Psyche. Gelb ist eine ausgezeichnete Farbe für Forschungsinstitute oder Klassenräume, weil sie die Neugier weckt.

Zusammen mit Schwarz wirkt Gelb bei Verpackungen sehr »trendig«. Wie bereits erwähnt, bilden Gelb und Schwarz den größtmöglichen Kontrast.

Orange

Früher einmal schenkte man sich zu Weihnachten eine Orange. Heutzutage kann man die Farbe dieser Frucht das ganze Jahr über verwenden oder auch missbrauchen. Diese warme Farbe beruhigt und erweckt Aufmerksamkeit ohne Aggressivität. Orange ruft den Wunsch hervor, sich auszudrücken, seine Meinung kundzutun, aber zugleich auch den Standpunkt der anderen anzuhören. Reden und zuhören, das heißt Kommunikation. Nicht zufällig hat der französische Telefonanbieter den Namen »Orange« gewählt. Orange wirkt anregend auf das Herz und den Appetit und vermindert Verdauungsbeschwerden. Feng-Shui-Meister empfehlen diese Farbe deswegen für die Küche (besonders, wenn Sie dort auch essen), für Esszimmer und den Eingangsbereich. Mit dieser Farbe begrüßen Sie Ihre Besucher und heißen sie willkommen. Orange ist die Farbe der Kommunikation und eignet sich deswegen sehr gut für ein Zimmer, wo ein Paar miteinander spricht, wenn das Orange mit einer entspannenden Farbe wie beispielsweise Blau ausgeglichen wird.

Im beruflichen Bereich wird Orange überall dort empfohlen, wo man mit seinen Mitmenschen kommuniziert, wie beispielsweise am Empfang, in Sitzungssälen, in Büros von Personalchefs. In offenen Büros sollte die Farbe aber vermieden werden. Dort sollte übermäßige Kommunikation nicht gefördert werden, um die Privatsphäre der Büronachbarn zu respektieren. Durch seine anregenden Eigenschaften wird Orange für Arbeitstiere empfohlen, welche die Wochenarbeitszeit in Höhe von 35 Stunden gerne mehrmals in sieben Tagen ableisten.

Bei Verpackungen wird diese Farbe völlig zu Unrecht häufig vernachlässigt. Dabei ist es eine fröhliche und positive Farbe, die nur gute Seiten hat. Ich rate Ihnen dazu, sie so schnell wie möglich zu verwenden. Das erlaubt Ihnen, sich aus der Masse hervorzuheben, was den Kaufakt fördert.

Braun/Kastanienbraun/Beige

Bis zum heutigen Tag stellen wir kalte, entspannende Farben wie beispielsweise Blau aktivierenden, warmen Farben wie beispielsweise Rot gegenüber. Die Farbe Braun hingegen hält sich in ihrer natürlichen Ausprägung nicht an die Regeln. Ein prächtiges Eichenparkett beispielsweise wirkt zugleich sehr warm und besonders beruhigend. Suchen Sie den Fehler. Tatsächlich schrieben Wissenschaftler, die Einflüsse durch Materialien erforscht hatten, Holz aufmunternde und beruhigende Eigenschaften zu. Deswegen wird bei der Inneneinrichtung immer zu Naturholz geraten. In der Küche wirken hellbraune Möbel appetitanregend und machen Lust zu kochen. Eine Berghütte stellt man sich immer mit holzverkleideten Wänden vor. Raclette (oder Poutine) schmeckt in einer Hütte auf jeden Fall besser.

Als Wandfarbe wird Braun allerdings nicht sonderlich gerne gesehen. Braun ist die Farbe der Natur, weil sie unveränderlich ist. Braun symbolisiert außerdem Nostalgie. Diese Farbe lässt uns genussvoll unmotiviert sein. Man möchte nichts an seinem Leben ändern. Man hängt an Traditionen und Authentizität, blickt in die Vergangenheit und sehnt sich danach, Wurzeln zu schlagen. Man sucht nicht nach Glück, sondern bemüht sich um eine Verringerung des Unglücks. Nicht sonderlich gut ...

Sollten wir Braun folglich vergessen? Ja, sagen die Feng-Shui-Meister, für die Braunschattierungen »schlechte Stimmungen erzeugen«. Ganz und gar nicht, sagen Farbberater für Innenräume. Braun setzt gesättigte Farben wie beispielsweise Rosa, Türkis oder Apricot gut in Szene, dies gilt vor allem für Möbel. Ein großer Schrank aus Massivholz wirkt vor einer türkisen Wand am besten. Man kann auch mit den 80er Jahren flirten und Braun mit Weiß und Orange kombinieren. Dabei sollte man aber Vorsicht walten lassen, denn der Grat zwischen »trendig« und »schlechtem Geschmack« ist schmal …

Die Abneigung gegen die Farbe Braun beim Feng Shui liegt meiner Meinung nach an den rot oder schwarz lackierten Möbeln in ganz Asien. Dort wird nur sehr helles Braun geduldet, als Trennwand aus Reispapier beispielsweise. Aber auch in diesem Fall wird die Farbe von sehr farbenfrohen – häufig roten – Möbeln ausgeglichen.

Wir raten Ihnen von Braun als Wandfarbe in Toiletten, Badezimmern oder Küchen ab, weil diese Räume traurig und schmutzig aussähen. Falls es für Sie allerdings nicht in Frage kommt, die rustikale Küche aus dunklem Massivholz im Landhaus zu verändern, verwenden Sie auf jeden Fall stark gesättigte Farben bei Vorhängen, Wänden und Arbeitsplatten. Und erhöhen Sie die Stärke Ihrer Glühbirnen, vor allem tagsüber. Braun muss stark beleuchtet werden.

Für Unternehmen wird Braun nur empfohlen, wenn sie ihr traditionelles Handwerk betonen möchten, wie beispielsweise Lebensmittelläden, Schuster, Antiquare …

Die Schokoladenfarbe wird natürlich für Chocolatiers empfohlen. Als dominante Farbe unterstreicht dieses Braun Können und Qualität. Wenn man Braun als Sekundärfarbe neben Fuchsia, Anis oder Türkis verwendet, fügt man einen modernen Touch hinzu.

Viele Restaurants greifen unbewusst auf diese Farbe zurück, um die Qualität ihrer Küche hervorzuheben. Dieser Ansatz ist gefährlich und muss auf jeden Fall mit äußerst modernem Mobiliar ausgeglichen werden, damit der Raum nicht altmodisch wirkt.

Ganz sorglos kann man Braun für die Garderobe verwenden. Die Farbe verleiht Westlern einen gebräunten Teint. Braun verdunkelt helle Haut und erhellt dunkle Haut. Deswegen tragen viele Menschen mit schwarzer Haut gerne Braun.

Ein weiterer großer Vorteil der Farbe Braun: Sie passt ausnahmslos zu allen anderen Farben. Sie werden keine Farbe finden, die sich mit Braun beißt.

Braune Verpackungen vermitteln vorzüglich Authentizität und Qualität. Bei Lebensmittelverpackungen erweckt diese Farbe den Anschein eines traditionellen Hausrezepts und einer ordnungsgemäßen Herstellung. Kraftpapier wird beispielsweise heutzutage erfolgreich bei der Verpackung von technischen Spielereien verwendet. Das ist sehr schlau, denkt der Kunde doch, das Produkt wurde auf traditionelle Weise hergestellt. Und das macht das Produkt wiederum zeitgemäß und vermittelt das Gefühl, es handele sich nicht um ein kurzlebiges und unnützes Objekt, sondern um einen hochwertigen Artikel, dessen Tradition dann einfach heute beginnt!

Eine völlig aus dem Kontext gerissene Verwendung der Farbe Braun wurde zu einem großen Erfolg: Die Farbe des Logos und der Tüten der Fnac, einem französischen Geschäft für Unterhaltungsmedien. Ganz objektiv beschrieben handelt es sich um eine Farbe, die bräunlichem Gänsekot ähnelt. Diese Farbe evoziert kein stylishes, trendiges und technisches Image, ganz im Gegenteil. Ich habe mich immer schon gefragt, ob derjenige, der diese Farbe ausgewählt hat, sich einfach wegen seines wirklich schlechten Geschmacks für sie entschied oder ob er sich mit Absicht von der Masse und so auch der Konkurrenz abheben wollte. Wie dem auch sei, die Entscheidung war auf jeden Fall von Erfolg gekrönt.

FAZIT

Licht im Allgemeinen und Farben im Speziellen sind mächtige Phänomene, die starken Einfluss auf unser Verhalten haben. Ihr Einfluss bleibt – allen wissenschaftlichen Beweisen zum Trotz – stark unterschätzt.

Dennoch weiß jeder von uns unbewusst, dass Farben einen Einfluss auf unsere Laune, unsere Wahrnehmung und unser Verhalten haben. Wer würde schon auf die Idee kommen, ein Kinderzimmer komplett in Rot zu streichen? Wer hat noch nie bemerkt, dass der Ausblick auf das Meer oder eine grüne Landschaft enorm beruhigend wirkt? Wer würde bestreiten, dass Sonnenschein unsere Laune hebt?

Farben sind in unserem Leben unverzichtbar. Und dennoch waren sie noch nie so wenig in unserem Leben vertreten wie heute, sei es bei unserer Bekleidung oder in der Wohnung. Inwieweit ist diese Farblosigkeit für die »gedämpfte Stimmung« der Franzosen verantwortlich? Das lässt sich nicht so einfach sagen. Ich bin allerdings überzeugt davon, dass Kinder ihre grauen Vorstädte unbewusst mit Graffitis bemalen, weil sie ein grundlegendes Bedürfnis nach Farbe in all der Schwärze verspüren. Haben Sie bemerkt, dass bunte Gebäude viel seltener besprüht werden?

Im Durchschnitt verbringen wir 25 Jahre unseres Lebens in unserem Schlafzimmer. Und wenn man sich den Prozentsatz der Menschen anschaut, die Schlafmittel nehmen, fragt man sich, warum man nicht den Farben in den Wohnräumen mehr Beachtung schenken sollte?

Viele Raumausstatter oder Innenarchitekten wählen Farben für Innen- oder Außenbereiche allein nach künstlerischen oder intuitiven Gesichtspunkten aus.

Das wird sich ändern, davon bin ich überzeugt ... Ich hoffe, dass dieses Buch Ihnen die Macht der Farben vor Augen geführt hat und Ihnen dabei behilflich sein wird, sie in Zukunft bewusst und nicht bloß willkürlich auszusuchen. Sei es im professionellen Umfeld, bei der Inneneinrichtung, aber auch bei Ihrer Kleidung.

Schwelgen Sie in Farben, greifen Sie ruhig auch einmal daneben. Ich wiederhole mich: Wenn Sie sich bei der Farbwahl zwischen den Tausenden Farbtönen unsicher sind, sollten Sie immer daran denken, dass sich der begabteste Farbberater in Ihrem Gehirn befindet und den Namen Instinkt trägt. Vertrauen Sie Ihrem Geschmack und riskieren Sie etwas. Farben sind gut für Sie.

Es leben die Farben, die Sie, wie ich hoffe, von nun an mit anderen Augen sehen werden!

Das Schlusswort würde ich gerne Pierre Dac überlassen: »Wenn die grauen Zellen rosa wären, hätte die Welt weniger schwarze Ideen.«

Jean-Gabriel Causse
jg@jg-causse.com

Vokale, ein Gedicht von Arthur Rimbaud

A schwarz, E weiß, I rot, U grün, O blau: Vokale,
Einst geb ich euren dunklen Ursprung wieder:
A schillernder Fliegen schwarzbepelztes Mieder,
Die um Gestänke ziehn in schwirrender Spirale,

Schattengolf; E, Reinheit des Dampfs, der Rasereien,
Speer stolzer Gletscher, Weiß des Königs, Doldenwippen;
I, Purpurfarbe, Blutsturz, Lachen schöner Lippen
In jähem Zorne oder trunkenem Verzeihen;

U, Kreise, grünender Meere göttliche Gewalten,
Friede der Herden auf der Alm, Friede der Falten,
Der Alchimie tief in die Denkerstirne flicht;

O höchstes Horn voll seltener, gellender Stimmen,
Schweigen, durch das die Welten und die Engel klimmen,
– Omega, ihrer Augen *veilchenblaues Licht!*[199]

ANHANG

Farbsymbolik in der ganzen Welt

Schwarz:

Im Westen: Tod, Betrübnis, Schlaf, Verzweiflung, Traurigkeit, Luxus, Eleganz, Karfreitag
Im Orient: Würde, Erhabenheit, Illegalität, Mysterium, Heimtücke, Betrug, Heimlichkeit, Schlechtheit

Grau:

Auf der ganzen Welt: Traurigkeit, Modernismus, Angst, Monotonie, Schlichtheit

Weiß:

Auf der ganzen Welt: Reinheit, Frieden
Im Westen: Stille, Heirat, Geburt, Freude, Glanz, Hoffnung, Ewigkeit, Auferstehung
Orient und einige afrikanische Länder: Tod, Katastrophen, Traurigkeit
Im Maghreb: Freude, Feier
China: Abwesenheit, Erwartung

Rosa:

Auf der ganzen Welt: Jugend, Weiblichkeit
Im Westen: Liebe, Zärtlichkeit, Milde, Kindheit, Unschuld, Positivität, Zuneigung, Feinheit, Weichheit, Weiblichkeit, Sorglosigkeit, Folgsamkeit
In Indien: Spiritualität
Im Orient: Zärtlichkeit, Pornographie

Rot:

Auf der ganzen Welt: Energie, Kraft, Macht, Verbot, Kommunismus, Glück
Im Westen: Stärke, Wärme, Kraft , Krieg, Leidenschaft, Lautstärke, Aktivität, Unruhe, Reichtum, Schwung, Triumph, Hitze, Verbot, Gefahr, Pfingsten
In Nahost: Tod, Bosheit, Wüste
Indien: Kreativität
Im Fernen Osten: Chancen, Prunk, Glück, Heirat, Gesundheit, Berühmtheit, Tod, Notfall, Gefahr, Gewalt, Krankenhaus

Gelb:

Auf der ganzen Welt: Intellekt, Kenntnis, Licht
Im Westen: Helligkeit, Weisheit, Wahrheit, Strahlkraft, Wahnsinn, Zerstreuung, Nervosität, Willen, Wissen, Klarheit, Kraft, Wärme, Nähe, Elan, Feigheit, betrogener Ehemann
Im Orient: Autorität, Macht, Erfolg, Reichtum (Gold), gute Ernte (Herbst), Pornographie
China: Kaiser, Geburt, Gesundheit, körperliche Verfassung, Geselligkeit, Austausch, Kommunikation, Dankbarkeit, Ehrungen, Spiritualität, Weisheit, Geduld, Toleranz
Ägypten: Freunde, Wohlstand, aber auch Trauer
Japan: Anmut, Adel

Blau:

Auf der ganzen Welt: Kälte, Ruhe, Trauer
Im Westen: Passivität, Introvertiertheit, Ruhe, Glaube, Jungfrau Maria, himmlisch, Nostalgie, Frieden, Sachlichkeit, Schatten, Dunkelheit, Schwäche, Distanz, Anziehungskraft
Im Orient: Reinheit, Frische, Melancholie
Ägypten: zur Zeit der Pharaonen brachte die Farbe im Jenseits Glück
Japan: Boshaftigkeit, Niedertracht, Theater, Übernatürliches
China: Weisheit, kleine Mädchen, Unsterblichkeit
Cherokee-Indianer: Niederlage

Grün:

Auf der ganzen Welt: Leben, Fruchtbarkeit, Natur, Energie, Ruhe
Im Westen: Erholung, Pflanzen, Materie, Fruchtbarkeit, Zufriedenheit, Langeweile, Hoffnung, Bürgertum, Melancholie, Nüchternheit, Dreikönigstag, Ökologie, Erlaubnis (Verkehrsampel)
Trinidad: günstiges oder ungünstiges Schicksal, Glück auf Teppichen in dieser Farbe, Unglück auf Schiffen und im Theater oder Kino
Italien: bringt Unglück
USA: Geld, Glück
Muslimische Welt: Islam
Indien: Reinheit und Harmonie
Japan: Zukunft, Jugend, Energie, ewiges Leben
China: betrogener Ehemann (grüner Hut)
Zulu: weibliche Jungfräulichkeit (dunkelgrün)

Orange:

Auf der ganzen Welt: Energie, Lebensfreude
Im Westen: Sonne, Wärme, Aktivität, Hochmut, Luxus, Pracht, Stolz, Überlegenheit, Unsicherheit, Jugendlichkeit, Irritation, Frivolität
Ukraine und Niederlande: Nationalfarbe
Irland: wird mit protestantischen Loyalisten aus Ulster in Verbindung gebracht
Im Orient: sehr modern, Stolz, »Protzerei«
Indien: Optimismus, kämpferischer Trieb, Sexualtrieb, Leidenschaft, Eroberungslust
China: Veränderung, Bewegung
Japan: Liebe

Violett:

Auf der ganzen Welt: Mysterium, Spiritualität
Im Westen: Unbewusstsein, Geheimnisse, Angst, Frömmigkeit, Aberglaube, Finsternis, Tod, Adel, Eifersucht, Melancholie, Traurigkeit, Bescheidenheit, Advent
Im Orient: teuflisch, Teufelskreis
Venezuela und Türkei: Trauer
Navajo-Indianer: Glück
Japan: Sünde oder Angst (bei Hochzeiten ist diese Farbe verboten)

Braun:

Auf der ganzen Welt: Erde, Schutz, Nest, Zuhause, Zurückhaltung, Materie, Baumstamm, Terrakotta, Stofflichkeit, Einfachheit, Natürlichkeit, Mutter, Empfang, Regeneration, Demut, authentische Werte, Komfort

China: Vergangenheit
Äthiopien: Trauer

Quellen: Goethe, Kandinsky, Pastoureau, Grossman und Wisenblit, *Dictionnaire théologique d'Elwell* (Theologisches Nachschlagewerk von Elwell), Ecole Polytechnique de Montréal (Fachhochschule für Maschinenbau in Montréal), Abhandlungen über Feng Shui und über die ayurvedische Medizin.

ANMERKUNGEN

1 Elliot et al., 2007; Lichtenfeld et al., 2009.
2 University of Cambridge, 2012.
3 Jameson, Highnote und Wasserman, 2001; Bimler, Kirkland und Jameson, 2004.
4 Jordan, 2010.
5 Walsh, 1999.
6 Gegenfurtner und Kiper, 2003.
7 Shepard, 1997; Xiau, Wang und Felleman, 2003.
8 Adams und Courage, 1998; Suttle, Banks und Graf, 2002.
9 Mogensen und English, 1926.
10 Mie, 1908.
11 Chevreul, 1839.
12 Studie der CIE.
13 Chapanis, 1954; Christ, 1975.
14 Cowan et al., 2001.
15 Abramov et al., 2012.
16 Bezold-Brücke-Phänomen, 19. Jahrhundert.
17 Clark, 1985.
18 Pinna, Brelstaff und Spillmann, 2001.
19 Abramov et al., 2012.
20 Handwerk, 2009.
21 Studie wurde bestätigt von Lindsey und Brown, 2004.
22 Brown und Lindsey, 2001; Lindsey und Brown, 2002.
23 Dias, Ressler, 2013.
24 Nathans, Thomas und Hogness, 1986; Sharp et al., 1999; Lanthony, 2001.
25 Palmer und Schloss, 2013.
26 Zillmann, 1971; Garrett und Maddock, 2001; Schwarz und Clore, 2003.
27 Tang, Liu und Li, 2002.
28 Barbur, Weiskrantz und Harlow, 1999.
29 Campbell und Murphy, 1998.
30 Goldstein, *Zum Aufbau des Organismus,* inspiriert von der Gestaltpsychologie.

31 Gerard, 1957; Berlyne, 1960; Wilson, 1966; Robinson, 2004.
32 Fuster, Bodner und Kroger, 2000.
33 Devismes, 2000; Déribéré, 1996.
34 Smets, 1969.
35 Gorn et al., 2004.
36 Baughan-Young, 2002.
37 Fanger, Breum und Jerking, 1977.
38 Elliot et al., 2007.
39 Knez, 2001.
40 Elliot et al., 2007.
41 Zhang und Han, 2014.
42 Khan et al., 2001.
43 Maier et al., 2009.
44 Setchell, 2005.
45 Pryke, 2009.
46 Liu, Liao und Liu, 1995.
47 Capovilla et al., 1999.
48 Wells, 2001.
49 Weller und Linvingston, 1988.
50 Hatta et al., 2002.
51 Mehta und Zhu, 2009.
52 Elliot et al., 2007.
53 Lichtenfeld et al., 2012.
54 Wichmann, Sharpe und Gegenfurtner, 2002.
55 Embry, 1984.
56 Johnson, 1992.
57 Berlin, 1998.
58 Ertel, 1973.
59 Hamid und Newport, 1989.
60 Öztürk, 2010.
61 Ainsworth, Simpson und Cassell, 1993.
62 Ebd.
63 Mehta und Zhu, 2009; umstrittene Studie von Steele, 2013.
64 Kwallek et al., 1996.
65 Hamid und Newport, 2002.
66 Kobayashi und Sato, 1992; Mukae und Sato, 1992.
67 Studie HP Kanada.
68 White, 1997.
69 Studie des Geschäfts Littlewoods, 2012, berichtet von der *Daily Mail.*
70 Elliot und Pazda, 2012.
71 Guéguen, 2010.
72 Guéguen und Jacob, 2012.
73 Barbur, Weiskrantz und Harlow, 1999.
74 Pazda, Prokop, Elliot, 2014.
75 Beall und Tracy, 2013.

76 Elliot et al., 2010.
77 Guéguen und Lamy, 2009.
78 Matz und Hinsz, 2000.
79 Hagemann et al., 2008.
80 Frank und Gilovich, 1988.
81 Durham University.
82 Attrill et al., 2008; Plymouth University.
83 Greenless et al., 2008.
84 Eason und Smith, 1980.
85 Etnier und Hardy, 1997.
86 Honolulu star bulletin, 24.10.1999.
87 Mollon, 1989.
88 Sakai, 2004.
89 Fernandez-Vasquez et al., 2014.
90 Divard und Urien, 2001; Koch und Koch, 2003.
91 Percy, 1974.
92 Pantin-Sohier, 2011.
93 Guyot und Rennes, 2011.
94 Pantin-Sohier, 2011.
95 Peterson, 1977.
96 Piqueras und Fizsman, 2012.
97 Guéguen, 2003.
98 Morrot et al., 2001.
99 Gilbert, Martin und Kemp, 1996.
100 Zellner und Whitten, 1999.
101 Koza et al., 2005.
102 Zellner und Kautz, 1990.
103 Levitan et al., 2014.
104 Cheskin, 1957.
105 Seoul International Color Expo, 2004.
106 CCICOLOR – Institute for Color Research.
107 Roullet, 2004.
108 Ebd.
109 University of Loyola, Maryland; Kissmetrics, 2010.
110 Saguez, 2007.
111 Wooten, 2011.
112 Aslam, 2006.
113 Berg-Weitzel und Laar, 2011.
114 Kid'setteens' mirror©, 2012; Hemphill, 1996.
115 Payne, 1958.
116 Déribéré, 1996.
117 Ampuero und Vila, 2006.
118 Roullet, 2004.
119 Ampuero und Vila, 2006.
120 Zellner und Kautz, 1990.

121 Gordon, Finlay und Watts, 1994.
122 Grossman und Wisenblit, 1999; Leichtling, 2001.
123 Lemoine, 1996.
124 Huskisson, 1974.
125 Lemoine, 1996.
126 White House Commission, 2004.
127 Cattaneo, Lucchelli und Filippucci, 1970; Blackwell, Bloomfield und Buncher, 1972; Lucchelli, Catteneo und Zattoni, 1978.
128 White House Commission, 2004.
129 Schapira et al., 1970.
130 Sallis und Buckalew, 1984.
131 Osgood, Suci und Tannenbaum, 1957.
132 Roullet, 2004.
133 Osgood, Suci und Tannenbaum, 1957; Adams und Osgood, 1973.
134 Lemoine, 1996.
135 Jacobs, 2013.
136 Roullet, 2004.
137 Mehrabian und Russell, 1974.
138 Roullet, 2004.
139 Bergmann, 2002.
140 Bellizzi und Hite, 1992.
141 Schaie und Heiss, 1964; Clynes und Kohn, 1968; Bellizzi, Crowley und Hasty, 1983.
142 Bellizzi und Hite, 1992; Babin, Hardesty und Sutter, 2003.
143 Crowley, 1993.
144 Stark, Saunders und Wookey, 1982.
145 Van Bommel und Van Den Beld, 2003; Summers und Hebert, 2001.
146 Akcay, Sable und Dalgin, 2012.
147 Kim und Moon, 1998.
148 Bagchi und Cheema, 2013.
149 Guardian, 2013.
150 Pastoureau, 2005; Roullet, 2004.
151 Ellis und Ficek, 2001.
152 Saad und Gill, 2000.
153 Eysenck, 1941.
154 Karl Glazenbrook, Ivan Baldry, Pourpre.com.
155 Whorwell, Carruthers et al., 2010.
156 Cernovsky, 1986.
157 LoBue und DeLoache, 2011.
158 Engelbrecht, 2003.
159 Courage, 2010.
160 Boyathis und Varghese, 1994; Hemphill, 1996.
161 Holmes und Buchanan, 1984.
162 Ogden et al., 2010; Akcay et al., 2012.
163 Ebd.

164 Ebd.
165 Crozier, 1996; Silver, 1998; Jameson, 2005.
166 Ogden et al., 2010; Akcay et al., 2012.
167 Zattman, 2003; Burkitt, Barrett und Davis, 2003.
168 Earthman, 2004; Heschong Mahone Group, 2003.
169 Reid et al., 2014.
170 Morgan; Science & Vie, 2014.
171 Journal of Clinical Psychiatry, 1993.
172 Lavoie, 2007.
173 Golden, Gaynes et al., 2005.
174 Int. Journal of eat disorders, 2003.
175 Morita et al., 1997; Morita und Tokura, 1998.
176 Brainard et al., 2001; Berson, 2003.
177 Swedo et al., 1997; Sonis et al., 1987.
178 Summers und Hebert, 2001.
179 Fleischer, Krueger und Schierz, 2001.
180 Boyce et al., 1997.
181 Van Bommel und Van den Beld, 2003.
182 Ebd.
183 Wardono et al., 2011.
184 Hathaway, 1990; Barnitt, 2003.
185 Knez, 2001.
186 Studie von Sanuvox.
187 Spectro Chrome Metry Encyclopedia, 1933.
188 Boisnic – Médecine d'Esthétique et de Chirurgie Dermatol, 2006.
189 Kir'ianova et al., 2012.
190 Jean-Michel Weiss und Maurice Chavelli, *Se soigner et guérir par les couleurs,* Monaco, 1993; Dominique Bourdin, *Le langage secret des couleurs,* Escalquens, 2006; Christian Agrapart, *Guide thérapeutique des couleurs,* Escalquens, 1990; Pierre Van Obberghen, *Traité de couleur thérapie pratique,* Paris, 2014.
191 Soldat, Sinclair und Mark, 1997.
192 Grossman und Wisenblit, 1999.
193 Öztürk, 2010; Yilmazer, 2010.
194 Hatta et al., 2002; Mehta und Zhu, 2009.
195 Ott, 1973.
196 Der Autor spielt hier auf den Roman *Le Rouge et le Noir,* deutsch *Rot und Schwarz* von Stendhal an.
197 Kwallek et al., 2005.
198 Fehrman, 2004.
199 Arthur Rimbaud. *Das trunkene Schiff. Gedichte.* Übersetzung von Thomas Eichhorn. 5. Auflage 2010.

QUELLEN

Israel Abramov et al., »Sex and Vision II: Color Appearance of Monochromatic Lights«, in: *Biology of Sex Differences* 3, Nr. 20 (September 2012), im Internet unter: http://www.bsd-journal.com/content/3/1/21.

F. M. Adams, C. E. Osgood, »A Cross-Cultural Study of the Effective Meanings of Color«, in: *Journal of Cross-Cultural Psychology* 4 (1973), S. 135–156.

Russell J. Adams, Mary L. Courage, »Human Newborn Color Vision: Measurement with Chromatic Stimuli Varying in Excitation Purity«, in: *Journal of Experimental Child Psychology* 68, Nr. 1 (1998), S. 22–34.

Christian Agrapart, *Guide thérapeutique des couleurs*, Editions Sully 2008.

Rebecca A. Ainsworth, LoErna Simpson, David Cassell, »Effects of Three Colors in an Office Interior on Mood and Performance«, in: *Perceptual & Motor Skills* 76 (1993), S. 235–241.

Okan Akcay, Paul Sable und M. Halim Dalgin, »The Importance of Color in Product Choice Among Young Hispanic, Caucasian, and African-American Groups in the USA«, in: *International Journal of Business and Social Science* 3, Nr. 6 (März 2012), S. 1–6.

Elizabeth C. Allen, Sian L. Beilock und Steven K. Shevell, »Working Memory is Related to Perceptial Processing: A Case from Color Perception«, in: *Journal of Experimental Psychology: Learning, Memory, and Cognition* 37, Nr. 4 (Juni 2011), S. 1014–1021.

Olga Ampuero und Natalia Vila, »Consumer Perceptions of Product Packaging«, in: *Journal of Consumer Marketing* 23, Nr. 2 (2006), S. 100–112.

Mubeen M. Aslam, »Are You Selling the Right Colour? A Cross-cultural Review of Colour as a Marketing Cue«, in: *Journal of Marketing Communications* 12, Nr. 1 (2006), S. 15–30.

Panos Athanasopoulos et al., »The Whorfian Mind: Electrophysiological Evidence That Language Shapes Perception«, in: *Communicative & Integrative Biology* 2, Nr. 4 (2009), S. 332–324.

Martin J. Attrill et al., »Red shirt colour is associated with long-term team success in English football«, in: *Journal of Sports Sciences* 26, Nr. 6 (April 2008), S. 577–582.

B. J. Babin, D. M. Hardesty, T. A. Suter, »Color and Shopping Intensions: The Intervening Effect of Price Fairness and Perceived Affect«, in: *Journal of Business Research* 56, Nr. 7 (2003), S. 541–551.

Rajesh Bagchi und Amar Cheema, »The Effect of Red Background Color on Willingness-to-Pay: The Moderating Role of Selling Mechanism«, in: *Journal of Consumer Research* 39, Nr. 5 (Februar 2013), S. 947–960.

John L. Barbur, Lawrence Weiskrantz, J. Alister Harlow, »The unseen color aftereffect of an unseen stimulus: Insight from blindsight into mechanisms of color afterimages«, in: *Proceedings of the National Academy of Sciences of the United States of America* 96, Nr. 20 (1999), S. 11637–11641.

H. Barnitt, »Lighting for the future«, in: *Building Services Journal: The magazine for the CIBSE* 25, Nr. 1 (2003), S. 38–39.

Kim Baughan-Young, »Today's Facility«, in: *Manager Magazine*, Mai 2002.

Alec T. Beall und Jessica Tracy, »Women Are More Likely to Wear Red or Pink at Peak Fertility«, in: *Psychological Science* 24, Nr. 9 (September 2013), S. 1837–1841.

Joseph A. Bellizzi und Robert E. Hite, »Environmental Color, Consumer Feelings, and Purchase Likelihood«, in: *Psychology and Marketing* 9, Nr. 7 (September 1992), S. 347–363.

Joseph A. Bellizzi, Ayn E. Crowley und Ronald W. Hasti, »The Effect of Color in Store Design«, in: *Journal of Retailing* 59, Nr. 1 (1983), S. 21–45.

Constance P. Berlin, *When Students Imagine Numbers in Color: Is There a Relationship Between Creativity and Mathematic Ability?*, Cambridge, MA, USA 1998.

Daniel Berlyne, *Conflict, arousal, and curiosity*, New York: McGraw-Hill 1957.

D. L. Bimler, J. Kirkland und K. A. Jameson, »Quantifying Variations in Personal Color Spaces: Are there Sex Differences in Color Perception?«, in: *COLOR Research & Application* 29, Nr. 2 (2004), S. 128–134.

B. Blackwell, S. S. Bloomfield, C. R. Buncher, »Demonstration to medical students of placebo responses and non-drug factors«, in: *The Lancet* 1, 7763 (1972), S. 1279–1282.

Sylvie Boisnic, Marie Christine Branchet und Luc Bénichou, »Intérêt d'un nouveau traitement des vergetures par exposition à des sources lumineuses monochromatiques«, in: *Journal de médecine esthétique et de chirurgie dermatologique* 33, Nr. 131 (September 2006), S. 181–186.

Dominique Bourdin, *Le Langage secret des couleurs*, Paris 2008.

Chris Boyatzis und Reenu Varghese, »Children's Emotional Association with Colors«, in: *The Journal of Genetic Psychology* 155, Nr. 1 (Juli 1994), S. 77–85.

Angela M. Brown, Delwin T. Lindsey, »The color blue: A psychophysical explanation for a linguistic phenomenon«, in: *Journal of Vision* 1, Nr. 3 (2001), S. 59.

Manilo Brusatin, *Histoire des couleurs*, Paris 1986.

Esther Burkitt, Martyn Barrett und Alyson Davis, »Children's colour choices for completing drawings of affectively characterised topics«, in: *Journal of Child Psychology & Psychiatry & Allied Disciplines* 44, Nr. 3 (2003), S. 445–455.

Scott Campbell und Patricia Murphy, »Extraocular circadian phototransduction in humans«, in: *Science* 279, Nr. 5249 (Januar 1998), S. 396–399.

Guiseppe Capovilla et al., »Effectiveness of a particular blue lens on photoparoxysmal response in photosensitive epileptic patients«, in: *The Italian Journal of Neurological Sciences* 20, Nr. 3 (Juli 1999), S. 161–166.

Angelo D. Cattaneo, Paolo E. Lucchelli, Giorgio Filippucci, »Sedative Effects of Placebo Treatment«, in: *European Journal of Clinical Pharmacology* 3 (1970), S. 43–45.

Zdenek Cernovsky, »Color preference and mmpi scores of alcohol and drug addicts«, in: *Journal of Clinical Psychology* 42, Nr. 4 (Juli 1986), S. 663–668.

Amitava Chattopadhyay, Gerald Gorn und Peter Darke, »Differences and Similarities in Hue Preference Between Chinese and Caucasians«, in: Aradhna Krishna (Hg.) *Sensory Marketing: Research on the Sensuality of Products*, New York, 2010, S. 219–240.

Jean-Charles Chebat und Maureen Morrin, »Colors and Cultures: Exploring the Effects of Mall Decor on Consumer Perceptions«, in: *Journal of Business Research* 60, Nr. 3 (März 2007), S. 189–196.

Louis Cheskin, *How to Predict what People Will Buy*, New York: Liveright Publishing Corporation 1957.

Michel Eugène Chevreul, *De La Loi Du Contraste Simultané Des Couleurs, Et De L'Assortiment Des Objets Colorés. Considéré D'Après Cette Loi Dans Ses Rapports Avec La Peinture, Les Tapisseries Des Gobelins, Les Tapisseries De Beauvais Pour Meubles, Les Tapis, La Mosaïque, Les Vitraux Colorées, L'Impression Des Étoffes, L'Imprimerie, L'Enluminure, La Décoration Des Édifices, L'Habillement Et L'Horticultur.* Pitois-Levrault, Paris 1839.

Alain Chrisment, *Le Guide de la couleur: connaître et comprendre la colormétrie*, Paris 2004.

Richard Christ, »Review and Analysis of Color Coding Research for Visual Displays«, in: *Human Factors* 17, Nr. 6 (Dezember 1975), S. 542–570.

Austen Clark, »Qualia and the Psychophysiological Explanation of Color Perception«, in: *Synthese*, 65 (2), (November 1985), S. 377–405.

M. Clynes und M. Kohn, »Recognition of Visual Stimuli from the Electric Responses of the Brain«, in: N. S. Kline und E. Laska (Hg.), *Computers and Electronic Devices in Psychiatry*, New York: Grune & Stratton, S. 206–237.

Mary Courage, »Infant attention and visual preferences«, in: *Development Psychology* 46, Nr. 4 (Juli 2010), S. 886–904.

Ayn Crowley, »The two-dimensional impact of color on shopping«, in: *Marketing Letters* 4, Nr. 1 (Januar 1993), S. 59–69.

Martha De Lacey, »Forget Christian Grey's Red Room of Pain, people with PURPLE bedrooms have most sex! (Unlike those poor grey-walled souls ...)«, in *Daily Mail*, 3. September 2012, http://www.dailymail.co.uk/femail/article-2197609/Forget-Christian-Greys-Red-Room-Pain-people-PURPLE-bedrooms-sex.html

François Delamare und Bernard Guineau, *Les Matériaux de la couleur*, Paris 1999.

Maurice Déribéré, *La couleur* Paris: Presses universitaires de France 1996.

Philippe Devismes, *Packaging, mode d'emploi*, Paris: Dunod 2000.

Roland Di Sabatino, *Ces Couleurs qui nous guérissent*, Paris 1991.

Brian G. Dias und Kerry J. Ressler, »Parental olfactory experience influences behavior and neural structure in subsequent generations«, in: *Nature Neuroscience* 17, Nr. 1, (Januar 2014), S. 89–96.

Roman Divard, Betrand Urien, »Le consommateur vit dans un monde en couleurs«, in: *Recherches et Applications en Marketing* 16. Nr. 1 (2001), S. 3–24.

Bobby L. Eason, Theresa L. Smith, »Effects of multi-chromatic and achromatic targets and darts on throwing«, in: *Perceptual and Motor Skills* 51, Nr. 2 (1980), S. 519–522.

G. Earthman, *Prioritization of 31 Criteria for School Building Adequacy: Bradford vs Maryland State Board of Education*, Baltimore, MD: American Civil Liberties Union Foundation of Maryland, 2004.

Andrew J. Elliot und Markus A. Maier, »Color and Psychological Functioning«, in: *Current Directions in Psychological Science* 16, Nr. 5 (Oktober 2007), S. 250–254.

Andrew J. Elliot et al., »Color and psychological functioning: The effect of red on performance attainment«, in: *Journal of Experimental Psychology* 136, Nr. 1 (Februar 2007), S. 154–168.

Andrew J. Elliot und Adam D. Pazda, »Dressed for Sex: Red as a Female Sexual Signal in Humans«, in: *PLoS ONE* 7, Nr. 4 (April 2012), e34607.

Andrew J. Elliot et al., »Red, Rand and Romance in Women Viewing Men«, in: *Journal of Experimental Psychology* 139, Nr. 3 (August 2010), S. 399–417.

Andrew J. Elliot, Daniela Niesta und John F. Dovido, »Romantic Red: Red Enhances Men's Attraction to Women«, in: *Journal of Personality and Social Psychology* 95, Nr. 5 (November 2008), S. 1150–1164.

L. Ellis und C. Ficek, »Color Preferences according to Gender and Sexual Orientation«, in: *Personnality and Individual Preferences* 31 (2001), S. 1375–1379.

David Embry, »The Persuasive Properties of Color«, in: *Marketing Communications,* Oktober 1984.

Suitbert Ertel, »Exploratory choice and verbal judgment«, in: D. E. Berlyne, K. B. Madsen (Hg.), *Pleasure, Reward, Preference*, New York: Academic Press 1973, S. 115–132.

Jennifer L. Ethnier und Charles J. Hardy, »The effects of environmental color«, in: *Journal of Sports Behavior* 20, Nr. 3 (August 1997), S. 299–312.

Hans J. Eysenck, »Critical and Experimental Study of Color Preference«, in: *American Journal of Psychology* 54, Nr. 3 (Juli 1941), S. 385–394.

Povl Ole Fanger, N. O. Breum, E. Jerking, »Can colour and noise influence man's thermal comfort?«, in: *Ergonomics* 20, Nr. 1, Januar 1977, S. 11–18.

Kenneth Fehrman und Cherie Fehrman, *Color: The Secret Influence*², Upper Saddle River, NJ, USA 2004.

Vazquez Fernandez et al., »Colour influences sensory perception and liking of orange juice«, in: *Flavour* 17, Nr. 1 (Januar 2014), S. 1.

Jacques Fillacier, *La Pratique de la couleur dans l'environnement social*, Paris 1986.

S. Fleischer, H. Kruger und C. Schierz, »Effects of Brightness and Lightness Colors on Office Staff«, in : *Proc. 9th Lux Europa, Reykjavik, Iceland* (2001), S. 78–80.

Mark G. Frank, Thomas Gilovich, »The Dark Side of Self- and Social Perception: Black Uniforms and Aggression in Professional Sports«, in: *Journal of Personality and Social Psychology* 54, Nr. 1 (1988), S. 74–85.

Gerald Franz, »Space, Color, and Perceived Qualities of Indoor Environments«, in: *Environment, Health and Sustainable Development* (IAPS 19), 2006, S. 1–8.

Joaquin M. Fuster, Marc Bodner, James K. Kroger, »Cross-Modal and Cross-Temporal Association in Neurons of Frontal Cortex«, in: *Nature*n 405 (2000), S. 347–351.

John Gage, *Couleur et Culture*, London 2008.

K. R. Gegenfurtner und D. C. Kiper, »Color vision«, in: *Annual Review of Neuroscience* 26 (2003), S.181–206.

Amy S. Garrett, Richard J., »Maddock, Time course of the subjective emotional response to aversive pictures: relevance to fMRI studies«, in: *Psychiatry Research* 108, 1 (2001), S. 39–48.

Robert Marius Gerard, *Differential Effects of Colored Lights on Psychophysical Functions*, Los Angeles: University of California 1957.

A. N. Gilbert, R. Martin und S. E. Kemp, »Cross-modal correspondence between vision and olfaction: The color of smells«, in: *American Journal of Psychology* 109 (1996), 335–351.

R. N. Golden, B. N. Gaynes et al., »The Efficacy of Light Therapy in the Treatment of Mood Disorders: A Review and Meta-Analysis of the Evidence«, in: *American Journal of Psychiatry* 162 (2005), S. 656–662.

Iain Greenless et al., »Soccer Penalty Takers' Uniform Colour and Pre-Penalty Kick Gaze Affect the Impressions Formed of Them by Opposing Goalkeepers«, in: *Journal of Sports Sciences* 26, Nr. 6 (Mai 2008), S. 563–568.

Johann Wolfgang von Goethe, *Goethes Farbenlehre. Ungekürzte Ausgabe. Einleitungen und Erläuterungen von Rudolf Steiner. 5 Bände*, Stuttgart 1997.

Robert N. Golden, »The efficacy of light therapy in the treatment of mood disorders: a review and meta-analysis of the evidence«, in: *American Journal of Psychiatry* 163, Nr. 4 (April 2005), S. 656–657.

Gerald J. Gorn, »Waiting for the Web: How Screen Color Affects Time Perception«, in: *Journal of Marketing Research* 41, Nr. 2 (Mai 2004), S. 215–225.

Kurt Goldstein, *Zum Aufbau des Organismus. Einführung in die Biologie unter besonderer Berücksichtigung der Erfahrungen an kranken Menschen,* Den Haag: Nijhoff 1934.

A. Gordon, K. Finlay und T. Watts, *»The Psychological Effects of Colour in Consumer Product Packaging«,* in: *Canadian Journal of Marketing Research* 13 (1994), S. 3–11.

Pierre Alain Grounauer, http://www.somnogenvt.ch/.

Nicolas Guéguen, »The Effect of Glass Color on the Evaluation of the Thirst-Quenching Quality of a Beverage«, in: *Current Psychology Letters* 11, Nr. 2 (Juni 2003), S. 1–8.

R. P. Grossman und J. Z. Wisenblit, »What we know about consumers' color choices«, in: *Journal of Marketing Practice* 5, Nr. 3 (1999), S. 78–90.

http://www.theguardian.com/technology/2014/feb/05/why-google-engineers-designers.

Nicolas Guéguen und Lubomir Lamy, »Hitchhiking Women's Hair Color. Perceptual and Motor Skills«, in: *Perceptual and Motor Skills* 109, Nr. 3 (Dezember 2009), S. 941–948.

Nicolas Guéguen, »Color and Women Hitchhikers Attractiveness: Gentlemen Drivers Prefer Red Color Research et Application«, in: *Color Research and Application* 37, Nr. 1 (Februar 2010), S. 76–78.

Nicolas Guéguen, Céline Jacob, »Clothing Color and Tipping: Gentlemen Patrons Give More Tips to Waitresses with Red Clothes«, in: *Journal of Hospitality & Tourism Research* 38, Nr. 2 (April 2012), S. 275–280.

Sylvie Guyot und Indra Rennes, *Rouge sang, jaune citron et vert anis: des couleurs à voir et à manger*, Radio mon Païs, 20.12.2011, 19 Uhr.

Norbert Hagemann, Bernd Strauss und Jan Leissing, »When the referee sees red«, in: *Psychological science* 19, Nr. 8 (August 2008), S. 769–771.

P. Nicolas Hamid und Adrienne C. Newport, »Effect of Color on Physical Strength and Mood in Children«, in: *Journal of Perceptual and Motor Skills* 69, Nr. 1 (August 1989), S. 179–185.

Brian Handwerk 2009, im Internet unter: http://news.nationalgeographic.com/news/2009/03/090329-video-game-vision.html.

Takeshi Hatta et al., »Color Of Computer Display Frame In Work Performance, Mood, And Physiological Response«, in: *Perceptual Motor Skills* 94, Nr. 1 (Februar 2002), S. 39–46.

Eva Heller, *Wie Farben wirken. Farbpsychologie. Farbsymbolik. Kreative Farbgestaltung.* Reinbek 1989.

Michael Hemphill, »Colour-Emotion Association«, in: *Journal of genetic psychology* 157, Nr. 3 (September 1996), S. 275–281.

Alfred Hickethier, *Die große Farbenordnung Hickethier*, Ravensburg 1985.

E. C. Huskisson, »Measurement of Pain«, in: *The Lancet* 304, Nr. 7889 (1974), S. 1127–1131.

Tom Jacobs, »For Men, Seeing Red Can Mean Paying More«, im Internet unter: http://www.psmag.com/navigation/business-economics/for-men-seeing-red-can-mean-paying-more-59622/.

Virgina Johnson, »The Power of Color«, in: *Successful Meetings* 41, Nr. 4 (Juni 1992), S. 87–90.

Kimberly A. Jameson, Susan M. Highnote and Linda M. Wasserman, »Richer Color Experience in Observers with Multiple Photopigment Opsin Genes«, in: *Psychonomic Bulletin & Review* 8, 2 (2001), S. 244–261.

Gabriele Jordan et al., »The dimensionality of color vision in carriers of anomalous trichromacy«, in: *Journal of Vision* 10, Nr. 8 (2010), Art. 12.

Sara A. Khan et al., »Red Signals Dominance in Male Rhesus Macaques«, in: *Psychological Science* 22, Nr. 8, (August 2011), S. 1001–1003.

Jinwoo Kim und Jae Yun Moon, »Designing towards emotional usability in customer interfaces – trustworthiness of cyber-banking system interfaces«, in: *Interacting with Computers* 10, Nr. 1 (Januar 1998), S. 1–29.

VV. Kir'ianova et al., »The use of phototherapy and photochromotherapy in the combined treatment of the patients presenting with astehno-depressive syndrome and neurotic disorders«, in: *Vopr Kurotol Fizioter Lech Fiz Kult* 1, (Januar 2012), S. 3–6.

Igor Knez, »Effects of color of light on nonvisual psychological processes«, in: *Journal of Environmental Psychology* 21, Nr. 2, 2001, S. 201–208.

Hiromitsu Kobayashi, Masahiko Sato, »Physiological responses to illuminance and color temperature of lighting«, in: *The Annals of physiological anthropology* 11, Nr. 1 (1992), S. 45–49.

Brian Koza et al., »Color Enhances Orthonasal Olfactory Intensity and Reduces Retronasal Olfactory Intensity«, in: *Chemical Senses* 30, Nr. 8 (September 2005), S. 643–649.

Nancy Kwallek et al., »Effect of color schemes and environmental sensitivity on job satisfaction and perceived performance«, in: *Perceptual and Motor Skills* 101, Nr. 2 (Oktober 2005), S. 473–486.

Nancy Kwallek et al., »Effects of Nine Monochromatic Office Interior Colors on Clerical Tasks and Worker Mood«, in: *Color Research and Application* 21, Nr. 6 (Dezember 1996), S. 448–458.

Philippe Lanthony, »Daltonism in painting«, in: *Color Research and Application*, Volume 26, Issue S1 (2001), S. 12–16.

Marie Pier Lavoie, *Évaluation de la photosensibilité rétinienne dans le but d'élucider le dérèglement neurochimique à l'origine du trouble affectif saisonnier et les mécanismes biologiques de la luminothérapie*, These zur Erlangung eines Ph. D., Département d'ophtalmologie, faculté de médecine Université Laval Québec, 2007.

Patrick Lemoine, *Le Mystère du placebo*, Paris 1996.

Carmel A. Levitan et al., »Cross-Cultural Color-Odor Associations«, in: *PLoS ONE* 9, Nr. 7 (Juli 2014), S. 1–8.

Stephanie Lichtenfeld et al., »The Semantic Red Effect: Processing the World Red Undermines Intellectual Performance«, in: *Journal of Experimental Social Psychology* 45, Nr. 6 (November 2009), S. 1273–1276.

Stephanie Lichtenfeld et al., »Green Facilitates Creative Performance«, in: *Personality and Social Psychology Bulletin* 38, Nr. 6 (Juni 2012), S. 784–797.

Delwin T. Lindsey, Angela M. Brown, »Color naming and the phototoxic effects of sunlight on the eye«, in: *Psychological Science* 13 (2002), S. 506–512.

Delwin T. Lindsey, Angela M. Brown, »Sunlight and ›blue‹: the prevalence of poor lexical color discrimination within the ›grue‹ region«, in: *Psychological Science* 15 (2004), S. 291–294.

T. C. Liu, Changjun Liao und Songhao Liu, »Theoretical research on color indirect effects«, in: *Proceedings of the SPIE* 2393 (Mai 1995), S. 346–356.

Vanessa LoBue und Judy DeLoache, »Pretty in Pink: The Early Development of Gender-Stereotyped Colour Preferences«, in: *British Journal of Development Psychology* 29, Nr. 3 (September 2011), S. 656–667.

P. E. Luccelli, A. D. Cattaneo, J. Zattoni, »Effect of capsule colour and order of administration of hypnotic treatments«, in: *European Journal of Clinical Pharmacology* 13, Nr. 2 (1978), S. 153–155.

Markus A. Maier et al., »Context Specificity of Implicit Preferences: The Case of Human Preference for Red«, in: *Emotion* 5, Nr. 5 (2009), S. 734–738.

David C. Matz und Verlin Hinsz, »Many Gentlemen Do Not Prefer Blonds: Perceptions of, and Preferences for, Women's Hair Color«, Vortrag bei der ersten Sitzung der Society for Personality and Social Psychology, Nashville, Tennessee, 3.–6. Februar 2000.

Albert Mehrabian und James A. Russell, *An Approach to Environmental Psychology*, MIT Press 1974.

Ravi Mehta und Juliet Zhu »Blue or Red? Exploring the Effect of Color on Cognitive Task Performances«, in: *Science* 323, Nr. 5918 (Februar 2009), S. 1226–1229.

Gustav Mie, »Beiträge zur Optik trüber Medien, speziell kolloidaler Metalllösungen«, in: *Annalen der Physik*, Vierte Folge, Band 25, 1908, Heft 3, S. 377–445.

Annie Mollard-Desfour, *Le Blanc*, Paris 2008.

Annie Mollard-Desfour, *Le Rouge*, Paris 2009.

Annie Mollard-Desfour, *Le Noir*, Paris 2010.

Annie Mollard-Desfour, *Le Vert*, Paris 2012.

Mogensen M. F., English H. B., »The apparent warmth of colors«, in: *Am. J. Psychol.* 37, 427–428 (1926).

John Mollon, »›Tho' she kneel'd in that place where they grew ...‹ The uses and origins of primate colour vision«, in: *Journal of Experimental Biology* 146 (September 1989), S. 21–38.

T. Morita und H. Tokura, »The Influence of Different Wavelenghts of Light On Human Biological Rythms«, in: *Appl. Hum. Sci* 17 (1998), S. 91–96.

Gil Morrot, Frédéric Brochet und Denis Dubourdieu, »The Color of Odors«, in: *Brain and Language* 79, Nr. 2 (November 2001), S. 309–320.

Hideyuki Mukae, Masahiko Sato, »The Effect of Color Temperature of Lighting Sources on the Autonomic Nervous Functions«, in: *The Annals of physiological anthropology* 11, Nr. 5 (1992), S. 533–538.

Jeremy Nathans, Darcy Thomas, David S. Hogness, »Molecular genetics of human color vision: the genes encoding blue, green, and red pigments«, in: *Science*, 232, Nr. 4747 (1986), S. 193–202.

Philip S. Nitse et al., »The impact of color in the e-commerce marketing of fashions: an exploratory study«, in: *European Journal of Marketing* 38, Nr. 7 (November 2004), S. 898–915.

Charles E. Osgood, George J. Suci, Percy H. Tannenbaum, The Measurement of Meaning. University of Illinois Press 1957.

John N. Ott, *Health and light*, New York 2000.

Elif Öztürk, »An Experimental Study on Task Performance in Office Environment Applied with Achromatic and Chromatic Color Scheme«, Department of Interior Architecture and Environmental Design, FADA, Bilkent University, 06800 Ankara, Türkei, 2010.

Stephen Palmer und Karen Schloss, *Bach to the Blues, Our Emotions Match Music to Colors*, Berkeley 2013.

Interview mit Gaelle Pantin-Sohier (Maître de conference en Sciences de la Gestion, Université d'Angers), »Quand Le Marketing hausse le ton«, 2011, im Internet unter: http://www.agrobiosciences.org/?page=imprime&id_article=3289.

Michel Pastoureau, *Le Petit Livre des couleurs*, Paris 2005.

Michel Pastoureau, *Blau. Die Geschichte einer Farbe*, Berlin 2013.

Michel Pastoureau, *Les Couleurs des souvenirs*, Montrouge 2010.

C. Payne Jr., »Apparent weight as a function of color«, in: *The American Journal of Psychology* 71, Nr. 4 (1958), S. 725–730.

Adam D. Pazda, Pavol Prokop und Andrew J. Elliot, »Red and Romantic Rivalry – Viewing Another Woman in Red Increases Perceptions of Sexual Receptivity, Derogation, and Intentions to Mate-Guard«, in: *Personality and Social Psychology Bulletin* 40, Nr. 10 (Oktober 2014), S. 1260–1269.

Larry Percy, »Determining The Influence Of Color On A Product Cognitive Structure: A Multidimensional Scaling Application«, in: *Advances in Consumer Research* 1, (November 1974), S. 218–227.

Robert A. Peterson, »Consumer Perceptions As A Function Of Product Color, Price And Nutrition Labeling«, in: *Advances in Consumer Research* 4, (November 1977), S. 61–63.

Baingio Pinna, Gavin Brelstaff, Lothar Spillmann, »Surface color from boundaries: a new ›watercolor‹ illusion«, in: *Vision Research*, Nr. 41 (2001), S. 2669–2676.

Betina Piqueras-Fiszman, »More than meets the mouth: Assessing the impact of the extrinsic factors on the multisensory perception of food products«, Universitst Politècnica DeValència, Departamento De Proyectors De Ingeniería - Departament De Projectes D'Enginyeria, 2012.

Betina Piqueras-Fiszman und Charles Spence, »The Influence of the Color of the Cup on Consumers' Perception of a Hot Beverage«, in: *Journal of Sensory Studies* 27, Nr. 5 (Oktober 2012), S. 324–331.

Thomas Pollet und Leonard Peperkorn, »Fading Red? No Evidence That Color of Trunks Influences Outcomes in the Ultimate Fighting Championship«, in: *Frontiers in Psychology* 4, Nr. 19 (September 2013), S. 643.

Wardono Prabu, Haruo Hibino und Shinichi Koyama, »Effects of Restaurant Interior Elements on Social Dining Behavior«, Graduate School of Engineering, Chiba University, Japan 2011.

Sarah R. Pryke, »Is Red an Innate of Learned Signal of Aggression and Intimidation?«, in: *Animal Behavior* 78, Nr. 2 (August 2009), S. 393–398.

Kathryn Reid et al., »Timing and Intensity of Light Correlate with Body Weights in Adults«, in: *Plos One* 9, Nr. 4 (April 2014) e92251.

Christian Richardière, *Hamonie des couleurs*, Paris 1987.

Michael D. Robinson, »Personality as performance: Categorization tendencies and their correlates«, in: *Current Directions in Psychological Science*, 13 (2004), S. 127–129.

Bernard Roullet, »L'influence de la couleur en marketing: vers une neuropsychologie du consommateur«, Business administration. Université Rennes 1, 2004, French.

G. Saad und T. Gill, »Applications of Evolutionary Psychology in Marketing«, in: *Psychology & Marketing* 17 (2000), S. 1005–1034.

Olivier Saguez, *Marques et Couleurs*, Paris 2007.

Nubuyuki Sakai, »The Effect of Visual Stimuli on Perception of Flavor«

R. E. Sallis and L. W. Buckalew, »Relation of Capsule Color and Perceived Potency«, in: *Perceptual and Motor Skills* 58, Nr. 3 (1984), S. 897–898.

K. W. Schaie und R. Heiss, Color and Personality, Bern: Huber 1964.

Norbert Schwarz, Gerald L. Clore, »Mood as information: 20 years later«, in: *Psychological Inquiry* 14, Nr. 3 & 4 (2003), S. 296–303.

Arthur Schopenhauer, *Ueber das Sehn und die Farben: Eine Abhandlung*, Leipzig 1870.

Secretariat of the Seoul International Color Expo, 2004.

Jo Setchell, »Dominance, status signals and coloration in male mandrills (Mandrillus sphinx)«, in: *Ethology* 111 (2005), S. 25–50.

Lam Yin Shun, »The Effects of Store Environment on Shopping Behaviors: a Critical Review Advances in Consumer Research«, in *NA – Advances in Consumer Research* 28, Nr. 1 (2001), S. 190–197.

Satyendra Singh, »Impact of Color on Marketing«, in: *Management Decision* 44, Nr. 6 (März 2006), S. 783–789.

Gerda Smets, »Time Expression of Red and Blue«, in: *Perceptual and Motor Skills* 29 (1969), S. 511–514.

Alexander S. Soldat, Richard C. Sinclair und Melvin M. Mark, »Color as an Environmental Processing Cue: External Affective Cues Can Directly Affect Processing Strategy Without Affecting Mood«, in: *Social Cognition* 15, Nr. 1 (März 1997), S. 55–71.

W. A. Sonis et al., »The Antidepressant Effect of Light in Seasonal Affective Disorder of Childhood and Adolescence«, in: *Psychopharmacol Bull* 23, Nr. 3 (1987), S. 360–363.

G. M. Stark, D. M. Saunders, P. E. Wookey, »Differential Effects of Red and Blue Colourd Lighting on Gambling Behavior«, in: *Current Psychological Research* 2 (1982), S. 95–100.

Kenneth Steele, »Failure to Replicate the Mehta and Zhu«, 2009 Color Effect, APS 25th Annual Convention, Appalachian State University, 2013.

T. A. Summers und P. R. Hebert, »Shedding some light on store atmospherics: influence of illumination on consumer behavior«, in: *Journal of Business Research* 54, Nr. 2 (2001), S. 145–150.

Suttle, Banks und Graf, »FPL and sweep VEP to tritan stimuli in young human infants«, in: *Vision Research* 42 (2002), S. 2879–2891.

Lianne van den Berg-Weitzel und Gaston van de Laar, »Relation between culture and communication in packaging design«, in: *Journal of Brand Management* 8, Nr. 3 (Feb. 2001), S. 171–184.

Karine van Li, *Feng Shui in Ihrem Heim - Praktische Methoden zur Harmonisierung Ihres Heims und zur Gestaltung aller Räume*, Genf 2004.

Anne Varichon, *Couleurs*, Montrouge 2005.

Leonard Walter und Randy Livingstone, »Effect of Color Questionnaire on Emotional Responses«, in: *The Journal of General Psychology* 114, Nr. 4 (Oktober 1988), S. 433–440.

»White House Commission on Complementary and Alternative Medicine Policy ... So is the Peace«, in: *The Washington Post* »Outlook«, 22. Februar 2004.

Jan White, *Color for Impact*, Cincinnati, OH, USA 1997.

TW Alan Whitfield und TJ Wiltshire, »Color Psychology: A Critical Review«, in: *Genetic, Social and Gerneral Psychology Monographs* 116, Nr. 4 (November 1990), S. 385–411.

Peter Whorwell, Helen R. Carruthers, Julie Morris and Nicholas Tarrier, »The Manchester Color Wheel: development of a novel way of identifying color choice and its validation in healthy, anxious and depressed individuals«, in: *BMC Medical Research Methodology* 10, Nr. 12 (Februar 2010).

Anne Wichmann, »Attitudinal Intonation and the Inferential Process«, im Internet unter: http://sprosig.isle.illinois.edu/sp2002/pdf/wichmann.pdf.

Felix Wichmann, Lindsay T. Sharpe und Karl R. Gegenfurtner, »The Contributions of Color to Recognition Memory for Natural Scenes«, in: *Journal of Experimental: Learning, Memory, and Cognition Psychology* 28, Nr. 3 (Mai 2002), S. 509–520.

Glenn D. Wilson, »Arousal Properties of Red Versus Green«, in: *Perceptual and Motor Skills* 23 (1966), S. 947–949.

Ludwig Wittgenstein, »Bemerkungen über die Farben, über Gewissheit, Zettel, vermischte Bemerkungen«, in G. E. M. Anscombe und G. H. von Wright (Hg.): *Werksausgabe in acht Bänden*, Berlin 1984, Band 8.

Wucius Wong, *Principles of Color Design*, Hoboken, NJ, USA 1987.

Adam Wooten, »Cultural Tastes Affect International Food Packaging«, in: *Deseret News*, 17. Juni 2011.

Youping Xiao, Yi Wang und Daniel J. Felleman, A Spatially Organized Representation of Colour in Macaque Cortical Area V2, in: *Nature* 421 (Januar 2003), S. 535–539.

Debra A. Zellner und M. A. Kautz, »Color affects perceived odor intensity«, in: *Journal of Experimental Psychology, Human Perception and Performance* 16 (1990), 391–397.

Quellen

Debra A. Zellner und Lori A. Whitten, »The Effect of Color Intensity and Appropriateness on Color-Induced Odor Enhancement«, in: *The American Journal of Psychology* 112, Nr. 4 (Dezember 1999), S. 585–604.

Tengxiao Zhang, Buxin Han (2014) »Experience Reverses the Red Effect among Chinese Stockbrokers«, in: PLoS ONE 9, Nr. 2 (Februar 2014).

Dolf Zillmann, »Excitation Transfer in Communication-Mediated Aggressive Behavior«, in: *Journal of Experimental Social Psychology* 7 Nr. 4 (Juli 1971), S. 419–443.